秸秆生物质
热化学转化技术

JIEGAN SHENGWUZHI REHUAXUE ZHUANHUA JISHU

王 枫 段培高 著

西安交通大学出版社
XI'AN JIAOTONG UNIVERSITY PRESS

图书在版编目(CIP)数据

秸秆生物质热化学转化技术/王枫,段培高著.—西安:西安交通大学出版社,2022.12
ISBN 978-7-5693-2841-7

Ⅰ.①秸… Ⅱ.①王… ②段… Ⅲ.①秸秆—生物能源—热化学—转化 Ⅳ.①TK69

中国版本图书馆 CIP 数据核字(2022)第 195145 号

秸秆生物质热化学转化技术

JIEGAN SHENGWUZHI REHUAXUE ZHUANHUA JISHU

著 者	王 枫 段培高
责任编辑	郭鹏飞
责任校对	魏 萍

出版发行	西安交通大学出版社
	(西安市兴庆南路 1 号 邮政编码 710048)
网 址	http://www.xjtupress.com
电 话	(029)82668357 82667874(市场营销中心)
	(029)82668315(总编办)
传 真	(029)82668280
印 刷	西安五星印刷有限公司

开 本	787 mm×1092 mm 1/16 印张 9 字数 192 千字
版次印次	2022 年 12 月第 1 版 2023 年 2 月第 1 次印刷
书 号	ISBN 978-7-5693-2841-7
定 价	68.00 元

如发现印装质量问题,请与本社市场营销中心联系。
订购热线:(029)82665248 (029)82667874
投稿热线:(029)82669097 QQ:413071918

前　言

化石能源的加剧消耗所引起的能源危机和环境污染问题极大地促进了可再生能源的发展。可再生能源的开发与利用已成为各国关注的焦点，对处于经济结构转型时期的我国也具有重要的战略意义。常见的可再生能源主要包括生物质能、太阳能、风能、水能、地热能和海洋能等。生物质作为唯一可转化为气、液、固三种形态的清洁可再生能源原料，因其分布广泛、CO_2零排放等特点，在替代化石燃料方面具有独特的优势。我国在"十二五"发展规划中把能源发展战略和新能源开发作为重要的核心任务。2014 年 11 月国务院印发的《能源发展战略行动计划（2014—2020 年）》特别指出，着力优化能源结构，大力发展生物质能源和可再生能源，并提出到 2020 年非化石能源占一次能源的比重达到 15％左右和单位 GDP 二氧化碳排放降低 40％～45％的目标。尤其是以习近平同志为核心的党中央提出"力争 2030 年前实现碳达峰、2060 年前实现碳中和"重大战略目标后，更是凸显出生物质能源利用在节能减排降耗方面的优势与发展的必要性。因此，开发质优价廉的非粮生物质原料及其高效、科学的转化技术是实现生物质燃料规模化发展的前提，同时对于保护生态环境、实现人类社会的可持续发展具有非常重要的现实和长远意义。

农作物秸秆作为一种典型的木质纤维素类生物质，在世界范围内，尤其是在农业发达国家有着十分丰富的产量。农作物秸秆资源丰富、成本低廉、环境友好，在生物燃料生产中具有广阔的应用前景。但现状是我国农作物秸秆年产量超过 7 亿吨，其中约 45％用于畜牧饲料、工业原料和造肥还田，还有约 4 亿吨秸秆被低效地作为生活燃料，甚至废弃和就地焚烧。这势必造成资源浪费和环境污染加剧。因此，寻求低成本、高效的农作物秸秆转化技术，已成为国内外众多科研工作者研究的热点课题之一，研究的焦点主要集中在秸秆生物质燃料的制备领域。

本书侧重于阐述秸秆生物质的热化学转化技术最新研究进展，也是著作团队近几年在该研究领域的最新研究成果，主要包括秸秆的水热液化、加氢热解，以及所得生物油的改性提质。每个章节从实验材料、实验流程、表征方法和所得结果部分进行系统全面讲解，可供读者们具体参考。本书共 7 章，详细论述了秸秆生物质的不同热化学转化技术以及所得生物油的改性提质技术，其中第 4 章讲述了秸秆生物质与废机油共同加氢热解技术，第 7 章讲述了秸秆生物油各馏分分类加氢改质技术，均为该领域最新研究进展。

本书由来自河南理工大学的王枫和西安交通大学的段培高共同完成。其中第1至第3章由段培高撰写，第4至第7章由王枫撰写。同时，本书也得到了河南理工大学化学化工学院老师和同学们的大力支持。在编写过程中，常周凡、李孟璐、刘晓杰、张胜利、张峰、刘赛思等参与了实验操作、数据收集与分析、插图排版以及文字校对工作，在此表示衷心感谢。

本书的出版得到了国家自然科学基金(22078082)的资助，在此表示衷心感谢。

鉴于专业知识和技术方面的局限，书中难免存在疏漏和不足。衷心希望广大读者能对书中的不足给予批评和指正。让我们大家齐心协力共同促进我国秸秆生物质燃料转化技术和产业的发展。

作　者

2022 年 3 月

目　录

第 1 章 绪 论

1.1 生物质能源现状

世界经济的迅速发展与人类生活的现代化,主要得益于煤炭、石油和天然气三大能源的广泛应用。因而,从某种程度上来说,人类社会的发展进步是建筑在化石能源持续消耗的基础上的。然而化石能源属于不可再生资源,化石能源的加剧消耗,势必引发日益严重的能源危机和环境污染问题,这也催生并促进了可再生能源的发展。可再生能源的开发与利用已成为各国关注的焦点,对处于经济结构转型时期的我国也具有重要的战略意义。常见的可再生能源主要包括生物质能、太阳能、风能、水能、地热能和海洋能等。生物质作为唯一可转化为气、液、固三种形态的清洁可再生能源原料,因其分布广泛、CO_2零排放等特点,在替代化石燃料方面具有独特的优势。生物质可通过热化学和生物化学等手段转化为气、液、固等高品质能源,以期替代化石类燃料。据报道,在化石能源的替代中,生物质能源扮演着重要角色,是世界一次能源供应结构中占比 10%左右的第四大能源,占可再生能源供应总量的 75%。生物质能源在世界能源最终消费总量中已占到 14%[1]。我国在"十二五"发展规划中把能源发展战略和新能源开发作为重要的核心任务。2014 年 11 月国务院印发的《能源发展战略行动计划(2014—2020 年)》特别指出,着力优化能源结构,大力发展生物质能源和可再生能源,并提出到 2020 年非化石能源占一次能源的比重达到 15%左右和单位 GDP 二氧化碳排放降低 40%~45%的目标。尤其是以习近平同志为核心的党中央提出的"力争2030 年前实现碳达峰、2060 年前实现碳中和"重大战略目标,更是凸显出生物质能源利用在节能减排降耗方面的优势与发展的必要性。因此,开发质优价廉的非粮生物质原料及其高效、科学的转化技术是实现生物质燃料规模化发展的前提,同时对于保护生态环境、实现人类社会的可持续发展具有非常重要的现实和长远意义。

生物质有诸多种类,如木质纤维素类生物质、藻类和其他有机废弃物等。其中木质纤维素类生物质被认为是最丰富的可再生生物质,2015 年全球产量约为 1.3×10^{10} 吨[2]。木质纤维素类生物质的主要成分是纤维素、半纤维素和木质素,可作为廉价和可再生的原料用于生物燃料和化学品的生产。农作物秸秆作为一种典型的木质纤维素类生物质,在世界范围内,尤其是在农业发达国家有着十分丰富的产量。农作物秸秆资源丰富、成本低廉、环境友好,在生物燃料生产中具有广阔的应用前景。但现状是,我国农作物秸秆年产量超过 7 亿吨，其中约 45％用于畜牧饲料、工业原料和造肥还田，还有约 4 亿吨秸秆被低效地作为生活燃料，甚至废弃和就地焚烧[3]。这势必造成资源浪费和环境污染加剧。因此，寻求低成本、高效的农作物秸秆转化技术，已成为国内外众多科研工作者研究的热点课题之一，研究的焦点主要集中在秸秆生物质燃料的制备领域。

1.2 秸秆生物质的组成特点

秸秆是由大量的有机物和少量的无机物及水组成的，作为典型的木质纤维素类生物质，秸秆富含纤维素、半纤维素和木质素，同时含有少量的蛋白质和脂肪。

纤维素是大部分秸秆生物质中含量最丰富的一种有机组分，含量约为 $40\sim50$ wt.％，主要由葡萄糖单元构成，是一种链状高分子聚合物[4]，其结构式如图 1-1 所示。纤维素的组成单体只有一种 D-吡喃葡萄糖环，并且 β-1，4 糖苷键以 C1 椅式构象将其连接，是三组分中结构最规则的组分，经验分子式为$(C_6H_{10}O_5)_n$，n 是聚合度，一般会大于 1000。纤维素中的氧桥键 C—O—C 较弱，容易断裂使纤维素分子发生裂解生成葡萄糖、糠醛、乙醇及苯酚等化工原料。研究表明，当温度为 $200\sim240$ ℃时，主要是糖苷键断裂生成葡萄糖单体或低聚物；温度为 $240\sim270$ ℃时，葡萄糖单体进一步降解，纤维素快速分解，其中间产物一般为 5-羟甲基糠醛、左旋葡萄糖、呋喃、羟基乙醛等；当温度高于 270 ℃时，这些中间产物开始发生断裂、缩聚和重组等。纤维素在不同温度下的裂解产物不同，根据这一特点人们可以有针对性地选择合适的温度，以产生目标化合物。

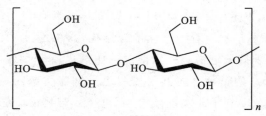

图 1-1 纤维素的结构

半纤维素是木质纤维素类生物质另一重要组成部分。与纤维素不同的是，半纤维素是由阿拉伯糖以及木糖等五碳糖单元和葡萄糖、甘露糖以及半乳糖等六碳糖单元以共价键、氢键、酯键、醚键构成的带支链的多糖高分子聚合物。它是一种带有支链的短链分子，且每个单元上都有烷氧基、羟基等活性基团，具有与纤维素类似的性质。半纤维素能发生与纤维素类似的化学反应，能在较低温度下发生分解。由于构成半纤维素的单元不同，因此半纤维素没有相应特定的结构和分子式。根据构成半纤维素的单元不同，半纤维素可以分为聚木糖类、聚葡萄甘露糖类和聚半乳糖葡萄甘露糖类。

图1-2为从阔叶林提取的半纤维素4-O-甲基葡萄糖醛酸木聚糖，其主链为(1→4)-β-D-木糖。不同种类生物质中的半纤维素结构和含量有很大差别，并且同一生物质中不同组织（树根与树皮）的半纤维素含量也大不相同。

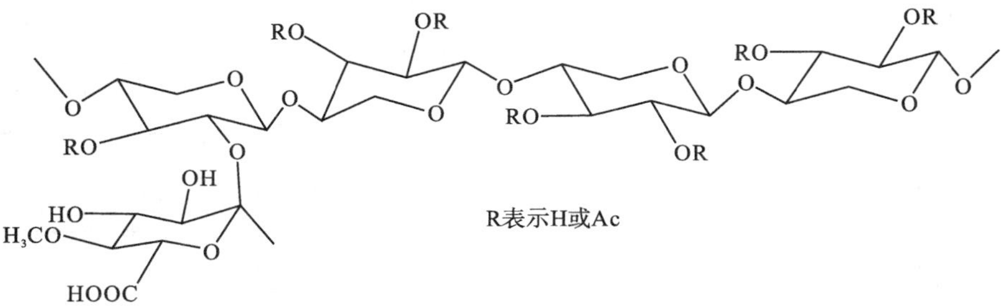

R表示H或Ac

图1-2 葡萄糖醛酸木聚糖结构[5]

木质素是由三种苯丙烷单元通过醚键和碳碳键相互连接形成的具有三维网状结构的芳香性高聚物。三种单元分别是愈创木基丙烷、紫丁香基丙烷和对羟苯基丙烷，如图1-3所示。甲氧基是木质素结构中键能相对较弱的基团，在反应时更容易断裂。木质素的分子通式为$(C_{10}H_{12}O_3)_n$。通常木质素连接在纤维素与半纤维素之间，起到稳定木质纤维素生物质的作用，这也增加了其顽抗特性。木质素结构中的醚键稳定性相对较弱，通常在250～350 ℃断裂形成带有苯环的自由基，自由基之间的相互结合生成更为稳定的大分子，最终形成积碳。随着温度的升高，这些自由基之间热不稳定的化学键进一步断裂形成低分子化合物，例如邻甲氧基苯酚等。

(a) 愈创木基丙烷   (b) 紫丁香基丙烷   (c) 对羟苯基丙烷

图1-3 木质素的三种苯丙烷单元

1.3 秸秆生物质的热化学转化技术

对于秸秆生物质而言，最基本的热化学转化技术包括烘焙、热解、气化和水热液化等。其中，烘焙和热解的产物包括生物油、生物炭和气体，气化主要获得合成气和气体燃料，而水热液化主要制备生物油，其示意图如图1-4所示。本节主要对秸秆生物质的热解、气化和水热液化技术利用情况进行介绍。

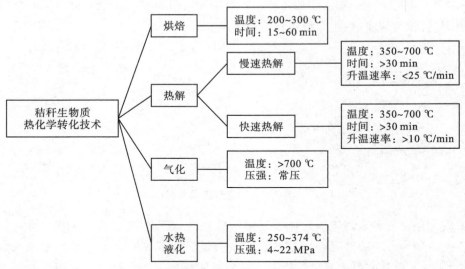

图 1-4　生物质热化学转化技术分类及其条件[6]

1.3.1　热解

　　热解又称裂解或热裂解，是一个重要的热化学转化过程。在该过程中，生物质在隔绝空气或通入少量空气的条件下，利用热能切断大分子中的化学键，从而降解转变为低分子。生物质热解产物主要包括液态生物油、固体生物炭和包含可燃气体在内的气体混合物，如 H_2、CH_4、CO、CO_2 和其他低沸点烃类化合物。三种产物的产率主要取决于热解条件。通常来讲，当反应温度低于 450 ℃时，产物以生物炭为主；当反应温度在 450～800 ℃时，生物油是主要产物；而当反应温度高于 800 ℃时产物以可燃气体为主。而根据实验条件(温度、停留时间、升温速率和原料粒度)，热解又分为三种类型，即慢速、快速和闪解。生物质因其复杂的结构和不同的热解反应条件，可以产生数百种不同性质的含氧化合物。因此，在热解过程中，常添加一些催化剂，如碱和碱土金属(AAEMs)、沸石、石英砂、铁和铁基沸石，用于提升生物质热解产物，尤其是热解油的回收率和品质。此过程通常被称为催化裂解。在催化裂解过程中，通常发生的反应有脱水、脱羧、脱羰基裂解、芳构化、酮化、重整和加氢脱氧，具体的反应类型则取决于催化剂类型和反应条件。

　　目前，生物质经热解获取生物质能的研究受到广泛关注，这是由于生物质热解过程中很多反应都是放热反应，可以满足生物质热解处理过程的能量需求。热解得到的气体产物可用于其他化合物生产的原料，或为社会生产生活提供燃料；热解得到的液体产物，即热解油可作为燃料利用，亦可将其包含的许多有价值的化合物提取出来，用于高附加值化合物合成的原料和中间体；固体产物即生物炭可直接用作燃料，也可作为炭黑和活性炭的替代物。此外，相对于其原料，生物油具有较高的能量密度，因而便于处理、贮存、运输；且其氮、硫含量较低，利用过程中造成的环境污染比化石燃料要小得多，因此许多国家都致力于秸秆生物质热解的研究。

对作物秸秆的热解研究多集中于反应参数（如温度、时间、升温速率、催化剂类型以及用量等）和原料物理化学性质（粒度、组成等）对热解产物分布（生物炭、生物油和燃料气）和产物性质的影响。如 Zanzi 等[7]在 800～1000 ℃，研究了小麦秸秆等的快速热解过程，探讨加热速率、温度和粒度等工艺条件对产品分布、气体成分和焦炭活性的影响。研究发现，温度越高，颗粒越小，加热速率越快，焦炭产率越低；较高的温度和较小的颗粒更有利于烃类化合物的裂解；原料中较高的灰分含量有利于炭化反应。Tsai 等[8]采用感应加热技术，对稻草等农业残留物开展了快速热解研究，考察了热解温度、升温速率、保温时间等工艺参数对热解产物产率及其化学组成的影响。发现最优条件下，热解液体产物产率可达 50% 左右，但热解液体产物含有大量水（>65 wt.%），含羰基的含氧碳氢化合物含量较少，导致低 pH 值和低热值。

Zhang 等[9]开展了小麦秸秆与木质素磺酸盐热解制备生物炭的研究，探讨了热解温度和保留时间对生物炭的产率、物理化学性质和形貌特征的影响。研究发现，生物炭生产过程中保留时间对生物炭的性质没有显著影响，但热解温度对生物炭的物理化学性质和稳定性影响很大。随着热解温度的升高，pH 值、灰分含量、碳稳定性和总碳含量增加，而生物炭产率、挥发分、氢氧氮硫总含量降低。原料类型也影响生物炭的产率、元素组成和化学结构。

Aqsha 等[10]研究了不同秸秆生物质（小麦、亚麻、燕麦和大麦）的催化热解过程，探讨了原料和催化剂类型对其热解产物分布的影响。研究发现，在小麦和亚麻秸秆的热解过程中，使用硅基溶液制备的沸石催化剂对提高生物油产量的效果最为显著，而在燕麦和大麦秸秆的热解过程中，使用硅基溶液制备的沸石催化剂对提高生物油产量的效果最为显著。沸石基催化剂的使用增加了富氧化合物（含苯和环戊烷环）的产量，以及 H_2 和 CH_4 气体的含量。

Zhou 等[11]以 HZSM-5 为催化剂，研究了微波辅助催化秸秆和皂脚的快速热解过程，讨论了热解温度、催化剂与进料比、秸秆与皂料比对生物油产率和组成的影响。研究发现，温度对生物油的产率和产物分布有很大影响，且在 550 ℃时获得最高的生物油产率和芳烃比例。HZSM-5 降低了生物油产量，但改善了生物油质量。秸秆与皂脚共热解可以提高热解油中芳香族和脂肪族化合物的比例。

Park 等[12]在不同温度下稻草的慢速热解过程中对产物性质、碳回收率和能量回收率进行了研究。发现稻草生物炭产率为 25%～28%，但在 500 ℃以上的热解温度下，其碳回收率和能量回收率均超过 40%，其热解产生的生物炭可应用于土壤，对于提高作物产量和 CO_2 封存具有重大意义。

Zhao 等[13]开展了玉米秸秆与褐煤的共热解研究。通过设计包括单独热解、分级催化热解和物理混合物共热解在内的不同热解方案，探讨其对热解产物性质的影响。研究表明褐煤和秸秆在共热解中对热解产物分布存在明显的协同效应。与物理混合物共热解相比，分级催化裂解对重组分具有更显著的催化裂解效果，能够形成含氧量较低、苯含量较高的轻质油、石脑油和焦油，且热解过程中形成的稠芳环数量随热解温度升高而增加。

秸秆热解也可用于高附加值化学品的制备。如张会岩等[14]利用内连通流化床研究了稻草的快速催化热解反应，考察了四种催化剂（ZSM-5、LOSA-1、γ-Al$_2$O$_3$和FCC）的催化性能。研究发现使用ZSM-5可获得芳烃（12.8%）和C2—C4烯烃（10.5%）的最大产率。

虽然秸秆是一种优质且丰富的生物质资源，但由于秸秆本身富氧贫氢的特性易导致热解过程中发生结焦和催化剂失活，很难获得热值高、性质稳定、易于保存的热解油。有研究人员尝试将分子氢或供氢剂加入秸秆热解过程当中，以改善秸秆热解油的品质。在氢气氛围下进行的热解被称为加氢热解。加氢热解时，氢气发生解离，产生大量氢自由基，它可以及时与挥发分及其裂解产物反应，阻止了它们的聚合，进而有效提高液相产物回收率，减少结焦。同时，氢气还能促进芳烃和烯烃的原位加氢以及加氢脱氮、加氢脱硫和加氢脱氧反应。在降低氮氧硫含量的同时，有效提高热解油的氢饱和度和稳定性。

1.3.2　高压液化

生物质高压液化技术是指生物质和溶剂在高温加压环境下，通过一系列的化学物理作用将生物质内成分转化为含氧有机小分子，最终形成液体燃料的技术[6]。液化过程的操作温度范围为250～374℃，压力范围为4～22 MPa，反应时间通常小于60 min。生物质液化过程通常采用水作为溶剂和反应介质，因此也叫做水热液化。在亚临界和超临界条件下，水会表现出特殊的性质，包括低介电常数、高离子积常数以及相对于小分子有机化合物的高溶解度。这些独特的性质使水能够参与和催化纤维素、半纤维素及木质素的解聚和再聚合反应。通常生物质的高压液化过程分为三个主要步骤，包括解聚、分解和聚合。高压液化过程中，在溶剂的作用下，生物质首先被解聚，并分解成小的单体。这些单体非常活泼，不稳定，因此会通过聚合形成生物油和固体。具体而言，木质纤维素生物质中的半纤维素通过水解解聚为单体和低聚物，而纤维素和木质素根据液化条件进行不同程度的解聚。有时也会在液化过程中添加催化剂，其在提高液化效率、减少焦油和半焦生成方面起着重要作用。为了降低操作温度，溶剂有时也会采用一些低分子量有机溶剂，如甲醇、乙醇和丙酮等，有时也会采用水和后者的混合体系。

Seehar等[15]开展了小麦秸秆在亚临界和超临界条件下的水热液化研究，探讨了温度和催化剂对水热液化产物分布的影响。结果表明，在亚临界催化条件下，生物油产率最高（32.34 wt.%），固体残渣最少（4.34 wt.%），而在超临界条件下，生物油具有更高的碳含量。

Zhu 等[16]研究了不同温度（280～400 ℃）下，大麦秸秆的催化（K_2CO_3）水热液化过程，并对其液化过程后的水相进行了循环利用。发现水相再循环后，所得生物油元素分布无明显差异。水相的再利用也为生物原油生产提供了潜在的机会和益处。在此基础上，Zhu 等[17]对比了 K_2CO_3 催化剂对大麦秸秆的液化行为的影响，并对生物油和固体残渣的性质进行了详细分析。研究发现，K_2CO_3 的加入能有效提升生物油的产率，并使其具有更高的热值和更低的 O/C 值。在催化条件下所得生物油含有更多的酚类化合物和更少的羧酸。

在不同温度和反应时间下，Chen 等[18]研究了复合催化剂（Na_2CO_3 ＋ Fe）对小麦秸秆水热液化行为的影响。与 Na_2CO_3 或 Fe 单独使用相比，Na_2CO_3 和 Fe 耦合使用能促进小麦秸秆的分解。同时，较高的温度有利于麦秆的分解和重质生物油的形成；较长的反应时间可以促进重质生物油的生成，在 Na_2CO_3 和 Fe 耦合使用情况下尤是如此。Chen 等[19]还采用均相和非均相耦合催化剂（CuO＋NaOH），研究了玉米秸秆在不同操作温度、反应时间和催化剂用量下的水热液化过程。结果表明，CuO 和 NaOH 耦合使用对玉米秸秆的高温液化具有协同作用。此外，在均相和非均相催化剂的同时作用下，水热产物中芳香族化合物的产率增加。

Wang 等[20]研究了小麦秸秆、褐煤和塑料在亚临界水中的液化产物分布和性质，发现褐煤、麦秸和废塑料的配比为 5∶4∶1 时，对产油率存在协同效应，在此配比下，产油率和产气量均最高。Zhang 等[21]研究了稻草和废食用油模型化合物在亚临界条件下的水热共液化过程，考察了温度、催化剂（K_2CO_3）、停留时间和混合物配比对产物分布的影响。研究发现稻草和废食用油模型化合物共液化可有效改善生物质产物的定性和定量特征。

Patil 等[22]分别引入乙醇和异丙醇，研究了小麦秸秆在醇-水体系中的水热液化过程，探讨了温度、压力、水醇比等反应参数对生物质转化率、产物分布和生物油热值的影响。研究发现，水-乙醇混合物是一种反应性很强的介质，亦证明水-乙醇混合物在亚临界反应条件下有效地将木质纤维素生物质解聚为生物油的可用性。Cao 等[23]研究了甘油作为共溶剂对稻草水热液化生物油产率的影响，并从元素组成、热值、水分、灰分和酸值等方面对生物油品质进行了分析。在最优条件下，生物油产物为 50.31%，结果表明，甘油可以作为稻草水热液化的共溶剂，以获得高产优质的生物油。Yerrayya 等[24]选用不同类型催化剂（KOH、NaOH 和 K_2CO_3）开展了稻草在甲醇-水体系中的液化研究，探讨温度、时间、醇水比和催化剂类型对产物产率、生物油组成的影响。研究发现，甲醇的使用降低了对酚类化合物的选择性（13%～22%），并提高了对甲酯的选择性（51%～73%），最佳条件下，KOH 的加入进一步提高了生物油产率。

Singh 等[25]研究了不同气体氛围下（N_2、O_2 和 CO_2）稻草的水热液化过程。发现在 N_2 氛围下可得到最大的生物质转化率（78 wt.%）和生物油的产率（17 wt.%）；O_2 环境下获得的生物油的脂肪族含量要高于 N_2 和 CO_2 氛围，而 N_2 和 CO_2 氛围下所得生物油具有更高的芳香族含量。

总体而言，对于收获后具有一定含水量的秸秆生物质，使用直接液化技术节省了物料干燥需要的成本，并且能够获得高产率、高热值的液体燃料。与热解相比，液化工艺的主要优点是能源效率高、操作温度低和焦油产率高，因此也是秸秆能源化利用的重要发展方向。

1.3.3 气化

生物质通常含有 70％～90％的易挥发成分，这意味着生物质受热后，在相对较低温度下就会有挥发性物质析出。正是由于此独特性质，气化技术非常适用于生物质原料的转化。生物质气化是一个涉及复杂反应、压力变化以及传热传质过程的热化学转化过程。气化需要氧化剂或气化剂，如氧气、空气和蒸汽，将含碳物质转化为气体燃料。固定床和流化床气化炉是常用的气化装置。气化基本上包括四个步骤，即干燥或脱水、热解、燃烧和还原。干燥（水分蒸发）发生在 150 ℃以下。热解（脱挥）发生在150～700 ℃的温度范围内，在该温度范围内，原料中的挥发性物质被释放。燃料成分氧化和放热反应触发的燃烧发生在 700～1500 ℃的温度范围内[14]。作为一种高效清洁的使用方法，气化技术在提高生物质利用率和减少环境污染方面发挥着重要作用，已成为生物质热化学能转化中最重要的形式之一。相对于直接燃烧，生物质气化的能量利用率可提升 2～4 倍。与煤相比，生物质作为气化原料具有更好的反应性，产物中挥发分含量高、H/C 和 O/C 比高、灰分含量低、孔隙率和孔径大，这些优势使生物质成为气化理想原料。

超临界水气化是一种有效地利用废弃生物质制氢的绿色技术。Nanda 等[26]以小麦秸秆为原料，开展其在不同温度下（300～550 ℃）的水热气化研究，探讨了进料浓度（20～35 wt.％）、反应时间（40～70 min），以及金属催化剂类型（Ru/Al_2O_3 和 $Ni/Si-Al_2O_3$）对小麦秸秆在亚临界和超临界水中气化的影响。研究发现小麦秸秆在 550 ℃、60 min 和 20 wt.％进料浓度下，可获得较高的氢气产率（2.98 mmol/g）和总气体产率（10.6 mmol/g）；而使用负载量为 5 wt.％的 Ru/Al_2O_3 和 $Ni/Si-Al_2O_3$ 可将氢气产率分别提高至 4.18 mmol/g 和 5.1 mmol/g，总气体产率分别为 15 mmol/g 和 18.2 mmol/g。Okolie 等[27]研究了大豆和亚麻秸秆在亚临界和超临界水中的水热气化过程，以及温度、料液比、粒径和停留时间对氢气产率的影响。在最优条件下，获得大豆秸秆的最大氢气产量和总气体产量（6.62 mmol/g 和 14.91 mmol/g）。KOH 催化剂可提高大豆秸秆和亚麻秸秆的 H_2、CO_2 和 CH_4 产量。

Wang 等[28]在石英管间歇式反应器中开展了小麦秸秆的超临界水热气化研究。通过研究气体产率、组成、液体产物和生物炭表面形貌的变化，分析了小麦秸秆在超临界水中的气化特性，并建立了小麦秸秆气化反应动力学模型。研究发现，反应时间增加可以明显提高气化效率（从 1 min 延长到 15 min，气体产率增加 37％），15 min 后温度成为限制因素。较高的温度可以明显提高氢气产率，在 700 ℃、30 min 时，最高氢气产率为 12.88 mol/kg；动力学研究表明，多环芳烃的分解是麦秸的速率控制步骤。

Umeki 等[29]研究了水蒸气对稻草气化过程中热解和成焦反应行为的影响。在 873～1173 K 温度范围内，将秸秆气化过程分为热解阶段和焦炭反应阶段。热解阶段，在蒸汽气氛下观察到较低的 H_2、CO 和芳香族焦油产率，且总焦油产率增加。在煤焦反应阶段，仅检测到 H_2 和 CO_2。这意味着煤焦对水气变换反应的催化作用。

Imorb 等[30]利用 Aspen Plus 开发的基于热力学模型的方法，对稻草的两种气化过程（即蒸汽-空气和蒸汽-CO_2）进行了参数分析。研究了在 500～1000 ℃ 范围内不同气化温度下，气化剂配比的变化对系统合成气产率、H_2/CO 比、总能耗和冷煤气效率的影响。发现两种气化过程的合成气产量在低温下显著增加，并在高于 700 ℃ 时趋于稳定；蒸汽-CO_2 系统提供了更高的合成气产量和更低的 H_2/CO 比。Thao 等[31]研究了稻草气化过程中痕量金属的形态、分配和去除，并利用热力学平衡模型预测了稻草气化过程中产生的主要气体种类。

秸秆生物质常与煤等进行共气化。Wei 等[32]开展了稻草和烟煤的共气化研究，探讨了气化温度和混合比对共气化反应特性和协同行为的影响。结果表明，随着稻草比例的增加和气化温度的升高，反应的整体活性增加。吴志强等[33]利用热重分析仪和分布活化能模型研究了烟煤与小麦秸秆共气化的热行为，探讨了气化温度、生物质混合比对 H_2 和其他气体产率的影响。结果表明，麦秸的加入提高了气化性能，初始气化温度和气化反应性指数随麦秸质量比的增大而增大，气化活化能的分布表现出正的协同效应。Cao 等[34]研究了超临界条件下小麦秸秆与制浆废液的共气化研究，并在其中观察到了协同效应，且温度的升高、反应时间的延长、浓度的降低和麦秸粒径的减小有利于气化反应的进行，从而提高制氢效率和气化效率。

Li 等[35]研究了 7 种秸秆生物质在非等温 CO_2 氛围气化过程中的失重行为、反应性和动力学特征，探讨了秸秆生物质气化特性与原料特性的相关性。结果表明，玉米秸秆、小麦秸秆和水稻秸秆的总纤维素和半纤维素含量较高，具有较高的热解反应活性；玉米秸秆、棉花秸秆和大豆秸秆具有较好的煤焦气化性能。

影响生物质气化的因素有多种，主要包括生物质原料组成、温度、压力、时间、气体氛围、催化剂类型等一系列因素。关于秸秆生物质的气化研究尚处于起步阶段，有待于进一步的研究与开发。

1.4 秸秆生物油的改性提质

秸秆通过水热液化、热解等热化学转化方法得到的产物主要有液体生物油、固体残渣和气体。其中液体生物油价值最高，在化石燃料的替代方面具有较大应用潜力。但是，秸秆生物油含有大量含氧化合物，如酚、酮、醇、酯、酸、醛、呋喃等。其较高的含氧量也降低了其热稳定性和化学稳定性，并且其黏度大、酸性高、水分含量高、热值低，这些不利因素限制了其作为液体燃料的应用。因此，需要进一步改性提质，以降低含氧量和改善物理化学性质。秸秆生物油通过加氢处理、催化裂化、催化重整、芳烃烷基化、烯烃齐聚等技术，以降低含氧量、黏度、酸值、含水量和提高热值及饱和度，使其达到可替代液体燃料的要求。

现行秸秆生物油改质方法中，催化加氢（脱氧）是目前普遍采用的一种技术手段。Shu 等[36]将一种低金属负载量的高度分散的 Pt/TiO$_2$ 催化剂，用于棉花秸秆热解油的加氢脱氧研究。所得改质油的碳氢化合物含量从 11.33% 增加到 33.80%。烷基酚含量从 27.86% 增加到 51.38%。Eschenbacher 等[37]研究 Na$_2$CO$_3$ 浸渍的 γ-Al$_2$O$_3$ 对小麦秸秆热解蒸汽的催化脱氧改质过程，发现 Na-Al$_2$O$_3$ 在降低生物油酸度方面非常有效，所得改质油的总酸值（TAN）低至 1～4 mg KOH·g^{-1}。

Auersvald 等[38]利用硫化 NiMo 催化剂对小麦/大麦秸秆生物油进行催化加氢脱氧研究，并基于气相色谱-质谱法（GC-MS）分析和官能团特定分析方法，详细追踪加氢处理过程中生物油中关键氧化物的去向。在最优反应条件下（340 ℃和 4 MPa H$_2$），生物油在去除大部分氧化物的同时，并没有出现芳环的饱和，此时氢气的消耗量达到最小值。

Eschenbacher 等[39]选用 TiO$_2$ 负载的 Pt（0.5 wt.%）和 MoO$_3$（10 wt.%）催化剂，对小麦快速热解生物油进行常压加氢脱氧研究，并将其与工业 Mo 基催化剂的性能进行了比较。研究发现，三种催化剂有效地将生物油中的氧含量降低至 7～12 wt.%（干基）。MoO$_3$/TiO$_2$ 的酸转化效率最低（总酸值 28 mg KOH·g^{-1}），而 Pt/TiO$_2$ 和 MoO$_3$/Al$_2$O$_3$ 获得的生物油的酸性降低得更显著（总酸值 13 mg KOH·g^{-1}）。并且 Pt/TiO$_2$ 显示出对脂肪族化合物的最高选择性和最低的焦炭产率。

Auersvald 等[40]采用硫化 NiMo/Al$_2$O$_3$ 催化剂，在不同温度和压力下，对稻草快速热解油进行催化加氢处理，结果表明改质油的黏度和酸度显著降低，并且在 360 ℃和 8 MPa下所得改质油是唯一与柴油完全混溶的产品。Charusiri 等[41]利用煅烧白云石对甘蔗秸秆热解油进行改质研究，发现煅烧白云石通过羧基化和裂解挥发性蒸汽影响生物油成分，使生物油具有更低的氧含量、更高的热值和更低的酸腐蚀性。

在秸秆生物油改质过程中，影响改质油品质的主要有温度、时间、气体氛围、溶剂、催化剂类型和用量等。其中温度和催化剂对改质油品质影响最大。目前，生物油改质一般使用非均相催化剂，主要是贵金属、过渡金属和钼基硫化物，其中贵金属催化剂的催化效果最好。但在改质过程中出现的积碳，以及由此引起的催化剂中毒失活问题，也是导致生物油改质成本增加的主要原因。因此，开发抗毒性强、催化性能好的非贵金属催化剂是我们需要努力的方向。

参考文献

[1] 石元春. 我国生物质能源发展综述[J]. 智慧电力，2017，45(7)：1-6.

[2] CAO L, ZHANG C, LUO G, et al. Effect of glycerol as co - solvent on yields of bio - oil from rice straw through hydrothermal liquefaction [J]. Bioresource technology, 2016, 220: 471 - 478.

[3] 洪桂香. 秸秆类生物质热裂解液化技术和运用[J]. 化学工业, 2019, 37(5): 30 - 31.

[4] ZUGENMAIER P. Conformation and packing of various crystalline cellulose fibers [J]. Progress in polymer science, 2001, 26(9): 1341 - 1417.

[5] 冯海萍, 杨冬艳, 谢华, 等. 农业生物质资源木质纤维素及基质化利用研究进展 [J]. 贵州农业科学, 2017, 45(5): 144 - 147.

[6] ONG H C, CHEN W, FAROOQ A, et al. Catalytic thermochemical conversion of biomass for biofuel production: A comprehensive review [J]. Renewable and sustainable energy reviews, 2019, 113: 109266.

[7] ZANZI R, SJOSTOM K, BJORNBORN E. Rapid pyrolysis of agricultural residues at high temperature [J]. Biomass and bioenergy, 2002, 23: 357 - 366.

[8] TSAI W T, LEE M K, CHANG Y M. Fast pyrolysis of rice straw, sugarcane bagasse and coconut shell in an induction - heating reactor [J]. Journal of analytical and applied pyrolysis, 2006, 76: 230 - 237.

[9] ZHANG J, LIU J, LIU R. Effects of pyrolysis temperature and heating time on biochar obtained from the pyrolysis of straw and lignosulfonate [J]. Bioresource technology, 2015, 176: 288 - 291.

[10] AQSHA A, TIJANI M M, MOGHTADERI B, et al. Catalytic pyrolysis of straw biomasses (wheat, flax, oat and barley) and the comparison of their product yields [J]. Journal of analytical and applied pyrolysis, 2017, 125: 201 - 208.

[11] ZHOU Y, WANG Y, FAN L, DAI L, et al. Fast microwave - assisted catalytic co - pyrolysis of straw stalk and soapstock for bio - oil production [J]. Journal of analytical and applied pyrolysis, 2017, 124: 35 - 41.

[12] PARK J, LEE Y, RYU C, et al. Slow pyrolysis of rice straw: Analysis of products properties, carbon and energy yields [J]. Bioresource technology, 2014, 155: 63 - 70.

[13] ZHAO H, SONG Q, LIU S, et al. Study on catalytic co - pyrolysis of physical mixture/staged pyrolysis characteristics of lignite and straw over an catalytic beds of char and its mechanism [J]. Energy conversion and management, 2018, 161: 13 - 26.

[14] ZHANG H, XIAO R, JIN B, et al. Catalytic fast pyrolysis of straw biomass in an internally interconnected fluidized bed to produce aromatics and olefins: Effect of different catalysts [J]. Bioresource technology, 2013, 137: 82 - 87.

[15] SEEHAR T H, TOOR S S, SHAH A A, et al. Biocrude production from wheat

straw at sub and supercritical hydrothermal liquefaction. Energies, 2020, 13: 3114.

[16] ZHU Z, ROSENDAHL L, TOOR S S, et al. Hydrothermal liquefaction of barley straw to bio-crude oil: Effects of reaction temperature and aqueous phase recirculation [J]. Applied energy, 2015, 137: 183 – 192.

[17] ZHU Z, TOOR S S, ROSENDAHL L, et al. Influence of alkali catalyst on product yield and properties via hydrothermal liquefaction of barley straw [J]. Energy, 2015, 80: 284 – 292.

[18] CHEN Y, CAO X, ZHU S, et al. Synergistic hydrothermal liquefaction of wheat stalk with homogeneous and heterogeneous catalyst at low temperature [J]. Bioresource technology, 2019, 278: 92 – 98.

[19] CHEN Y, LIN D, MIAO J, et al. Hydrothermal liquefaction of corn straw with mixed catalysts for the production of bio-oil and aromatic compounds [J]. Bioresource technology, 2019, 294: 122148.

[20] WANG B, HUANG Y, ZHANG J. Hydrothermal liquefaction of lignite, wheat straw and plastic waste in sub-critical water for oil: product distribution [J]. Journal of analytical and applied pyrolysis, 2014, 110: 382 – 389.

[21] ZHANG C, HAN L, YAN M, et al. Hydrothermal co-liquefaction of rice straw and waste cooking-oil model compound for bio-crude production [J]. Journal of analytical and applied pyrolysis, 2021, 160: 105360.

[22] PATIL P T, ARMBRUSTER U, MARTIN A. Hydrothermal liquefaction of wheat straw in hot compressed waterand subcritical water-alcohol mixtures [J]. The journal of supercritical fluids, 2014, 93: 121 – 129.

[23] CAO L, ZHANG C, HAO S, et al. Effect of glycerol as co-solvent on yields of bio-oil from rice straw through hydrothermal liquefaction [J]. Bioresource technology, 2016, 220: 471 – 478.

[24] YERRAYYA A, VISHNU A K S, SHREYAS S, et al. Hydrothermal liquefaction of rice straw using methanol as co-solvent [J]. Energies, 2020, 13: 2618.

[25] SINGH R, CHAUDHARY K, BISWAS B, et al. Hydrothermal liquefaction of rice straw: Effect of reaction environment [J]. The journal of supercritical fluids, 2015, 104: 70 – 75.

[26] NANDA S, REDDY S N, VO D V N, et al. Catalytic gasification of wheat straw in hot compressed (subcritical and supercritical) water for hydrogen production [J]. Energy science & engineering. 2018, 6: 448 – 459.

[27] OKOLIE J A, NANDA S, DALAI A K, et al. Hydrothermal gasification of soybean straw and flax straw for hydrogen-rich syngas production: Experimental

and thermodynamic modeling [J]. Energy conversion and management, 2020, 208: 112545.

[28] WANG C, LI L, CHEN Y, et al. Supercritical water gasification of wheat straw: composition of reaction products and kinetic study. Energy, 2021, 227: 120449.

[29] UMEKI K, NAMIOKA T, YOSHIKAWA K. The effect of steam on pyrolysis and char reactions behavior during rice straw gasification [J]. Fuel processing technology, 2012, 94: 53 - 60.

[30] IMORB K, SIMASATITKUL L, ARPORNWICHANOP A. Analysis of synthesis gas production with a flexible H_2/CO ratio from rice straw gasification [J]. Fuel, 2016, 164: 361 - 373.

[31] THAO N, CHIANG K. The migration, transformation and control of trace metals during the gasification of rice straw [J]. Chemosphere, 2020, 260: 127540.

[32] WEI J, GUO Q, CHEN H, et al. Study on reactivity characteristics and synergy behaviours of rice straw and bituminous coal co - gasification [J]. Bioresource technology, 2016, 220: 509 - 515.

[33] WU Z, MENG H, LUO Z, et al. Performance evaluation on co - gasification of bituminous coal and wheat straw in entrained flow gasification system [J]. International journal of hydrogen energy, 2017, 42: 18884 - 18893.

[34] CAO C, ZHANG Y, LI L, et al. Supercritical water gasification of black liquor with wheat straw as the supplementary energy resource [J]. International journal of hydrogen energy, 2019, 44: 15737 - 15745.

[35] LI S, SONG H, HU J, et al. CO_2 gasification of straw biomass and its correlation with the feedstock characteristics [J]. Fuel, 2021, 297: 120780.

[36] SHU R, LIN B, WANG C, et al. Upgrading phenolic compounds and bio - oil through hydrodeoxygenation using highly dispersed Pt/TiO_2 catalyst [J]. Fuel, 2019, 239: 1083 - 1090.

[37] ESCHENBACHER A, SARAEIAN A, JENSEN P A, et al. Deoxygenation of wheat straw fast pyrolysis vapors over $Na - Al_2O_3$ catalyst for production of bio - oil with low acidity [J]. Chemical engineering journal, 2020, 394: 124878.

[38] AUERSVALD M, SHUMEIKO B, STAS M, et al. Quantitative study of straw bio - oil hydrodeoxygenation over a sulfided NiMo catalyst [J]. ACS sustainable chemistry &. engineering. 2019, 7: 7080 - 7093.

[39] ESCHENBACHER A, SARAEIAN A, SHANKS B H, et al. Enhancing bio - oil quality and energy recovery by atmospheric hydrodeoxygenation of wheat straw pyrolysis vapors using Pt and Mo - based catalysts [J]. Sustainable energy fuels, 2020, 4: 1991 - 2008.

［40］AUERSVALD M，SHUMEIKO B，VRTISKA D，et al. Hydrotreatment of straw bio - oil from ablative fast pyrolysis to produce suitable refinery intermediates ［J］. Fuel，2019，238：98 - 110.

［41］CHARUSIRI W，VITIDSANT T. Upgrading bio - oil produced from the catalytic pyrolysis of sugarcane（Saccharum officinarum L）straw using calcined dolomite ［J］. Sustainable Chemistry and Pharmacy，2017，6：114 - 123.

第2章　秸秆生化组成对水热液化产物的影响

迄今为止，关于作物秸秆的水热液化过程已有大量报道，选取的作物秸秆主要有稻草、小麦秸秆、玉米秸秆、大豆秸秆、棉花秸秆和大麦秸秆等[1-6]，主要研究温度、停留时间、催化剂、料液比、环境气氛等工艺参数对生物油产品分布和组成的影响。相比之下，对原料组成影响的研究则相对较少。基于此背景，本章选取四种具有代表性的作物秸秆，即玉米秸秆、花生秸秆、大豆秸秆和稻草，研究其水热液化过程，重点考察原料组成对其液化产物分布以及生物油性质的影响。

2.1　实验材料

实验所用的四种作物秸秆均采购于中国湖南省夹山镇，其工业分析和元素分析结果如表2-1和表2-2所示。原料使用前在105 ℃下干燥12 h后用粉碎机粉碎，并过100目筛后置于自封袋中密封保存备用。实验过程中所用的去离子水为实验室自制，所用的二氯甲烷和其他化学药品均购买于试剂公司。本实验所用的反应釜为带搅拌器的1 L不锈钢高压反应釜，采用电加热方式。

表 2-1　四种作物秸秆的工业分析　　　　　　　　单位：wt.%

工业分析	玉米秸秆	花生秸秆	稻草	大豆秸秆
灰分	7.00	13.05	15.10	4.43
挥发分	68.50	65.50	64.00	73.10
固定碳	24.50	21.45	20.91	22.47
脂类	0.19	0.56	0.72	0.61
蛋白质	5.81	8.63	7.00	7.94
纤维素	30.81	36.56	46.33	42.39
半纤维素	25.52	20.27	31.09	22.05
木质素	16.76	18.36	10.17	18.93
$w_{纤维素}/w_{半纤维素}$	1.21	1.80	1.49	1.92

表 2-2　四种作物秸秆的元素分析

元素组成	玉米秸秆	花生秸秆	稻草	大豆秸秆
C/(wt. %)	44.57	41.42	41.34	45.99
H/(wt. %)	5.53	5.51	5.33	6.07
N/(wt. %)	0.93	1.27	1.12	1.38
O/(wt. %)	33.70	35.21	34.29	39.00
S/(wt. %)	0.10	0.15	0.14	0.11
H/C	1.49	1.60	1.55	1.58
O/C	0.57	0.64	0.62	0.64
热值/(MJ·kg^{-1})	16.96	15.60	15.48	17.26

2.2　实验流程

实验前，反应釜需加入适量水，在 320 ℃下老化 4 h 以去除反应釜壁和管道内部残留的有机物，避免其对反应造成影响。老化结束后，将 150 g 秸秆颗粒和 400 mL 去离子水加入反应釜中并搅拌均匀后密封。用氮气排气后，再向反应釜中充入 0.11 MPa 氮气，作为气相的内标气体，亦可用其估算气体产率。将反应釜放入加热套内开始升温，待温度升至 320 ℃后保持反应时间 1 h。反应结束后将反应釜抬出，放入水中冷却至室温。然后将反应釜从水中拿出，吹干后将反应釜的出气阀打开，用已排尽空气的铝箔集气袋收集气体产物备测。收集完气体后将反应釜内的压力放空。由于气体产物质量无法通过称取放气前后反应釜质量差获得，因此气体各组分质量可根据摩尔量已知的氮气在气体中的摩尔分数来进行估算，气体产物的质量即这些组分的质量和。排气结束后，打开反应釜将釜内反应液倒出，分三次用 80 mL 左右二氯甲烷冲洗釜壁，然后连同固体残渣一起倒出与反应液合并。将所得到的混合液抽滤（抽滤所用滤纸干燥至恒重后称取质量），滤液在分液漏斗中进行水相和有机相的分离，将有机相收集至已预称重的圆底烧瓶中，利用旋转蒸发仪除去二氯甲烷，剩余棕色黏稠状液体即为生物油，其质量可通过圆底烧瓶前后质量差获得。将抽滤剩余固体残渣连同滤纸在 105 ℃干燥12 h 后称重，固体产物质量等于滤纸和固体残渣总质量减去滤纸的质量。各产物产率计算如式（2-1）至式（2-4）所示。

$$生物油产率＝（生物油质量/原料质量）×100\% \qquad (2-1)$$

$$固体产率＝（固体残渣质量/原料质量）×100\% \qquad (2-2)$$

$$气体产率＝（气体质量/原料质量）×100\% \qquad (2-3)$$

$$水溶物产率＝1－（生物油产率＋固体产率＋气体产率） \qquad (2-4)$$

气体产物采用 GC7900 气相色谱仪（购买自中国上海天美科学仪器有限公司）及其自带的工作站进行组分分析。仪器配备不锈钢填充色谱柱（Carboxen 1000，60×80 mesh，15 - ft×1/8 - in. I. d.）和热导检测器。选用氩气（15 mL/min）做载气（柱压 0.18 MPa），柱箱温度设为 70 ℃。

生物油成分采用全二维气相色谱-飞行时间质谱仪（Pegasus 4D GC×GC - TOFMS，美国 LECO 公司），采用 LECO Pegasus IV CTDMGC/TOF - MS 系统。其中 GC×GC 系统是配备自动进样器和双喷口冷热调制调解器组成的 Agilent 7890A 气相色谱仪，TOFMS 系统为美国 LECO 公司生产的 Pegasus 4D。生物油以 10 wt.％质量比溶解于二氯甲烷中待测。仪器参数和测试条件如表 2 - 3 所示。通过采用 Chroma TOF v4.51.6.0 将谱图与 NIST11 数据库比对完成化合物的鉴定。

表 2 - 3　全二维气相色谱-飞行时间质谱仪器与测试参数

全二维气相色谱		飞行时间质谱	
项目	参数值	项目	参数值
一维色谱柱	Rxi - 5sil MS(30 m×0.25 mm×0.25 μm)	离子源温度/℃	250
二维色谱柱	Rxi - 17(1 m×0.1 mm×0.1 μm)	电离能量/eV	−70
一维柱升温程序	40 ℃(1 min)，以 4 ℃/min 升至 300 ℃(4 min)	检测器电压/V	1500
二维柱升温程序	40 ℃(1 min)，以 4 ℃/min 升至 300 ℃(4 min)	一维采集速率/(谱·s^{-1})	10
进样口温度/℃	300	二维采集速率/(谱·s^{-1})	100
进样量/μL	1	质量扫描范围/u	35～500
分流比	50∶1	采集延迟时间/s	250
载气	He，流速 1 mL/min		
调制器温度	比一维柱温高 15 ℃		
调制周期	4 s，冷吹 1.4 s，热扫 0.6 s		
传输线温度/℃	280		

生物油和原料的元素分析（C、H、N、S 和 O）在 FLASH 2000 自动元素分析仪（Thermo Fisher Scientific，USA）上进行。热值（HHV）通过使用杜龙公式计算，如式（2 - 5）所示。

$$\text{HHV(MJ/kg)} = 0.338\omega_C + 1.428(\omega_H - \omega_O/8) + 0.095\omega_S \qquad (2-5)$$

其中，ω_C、ω_H、ω_O、ω_S 代表样品中每个原子在样品中的质量百分比。

生物油和原料的热重分析利用美国 TA 仪器公司生产的 SDT Q600 同步热分析仪，在流速为 20 mL/min 氮气氛围下进行，在室温下以 10 ℃/min 升至 800 ℃。该过程类似一个小型的蒸馏过程，可以得到生物油的沸点分布。

生物油的平均分子量和多分散性指数（PDI）采用 Agilent LC1260 凝胶渗透色谱仪进行分析，用四氢呋喃作为洗脱剂，流速为 1 mL/min，用聚苯乙烯标准物质做线性标准曲线对分子量进行分析。从生物油的凝胶渗透色谱（GPC）分析中可以得到其平均分子量（重均分子量 M_w 和数均分子量 M_n）和多分散性指数。

2.3 秸秆水热液化反应温度的确定

实验通过秸秆原料的热重分析（TGA）曲线和微商热重分析（DTG）曲线确立秸秆的水热液化反应温度。四种秸秆的 TGA 和 DTG 曲线如图 2-1 所示。从整体来看，随着温度的升高，四种秸秆生物质的质量变化差异不太明显。从 TGA 曲线可以看出大豆秸秆在 320 ℃之后的质量损失明显高于其他三种原料，说明大豆秸秆中的挥发性成分含量高于其他原料，这一点从其工业分析结果中亦可看出（见表 2-1）。DTG 曲线图中 100 ℃以前出现的小峰是由于原料中少量的水分随着温度升高而挥发所致。在 200～350 ℃出现一个较大峰，意味着在此温度范围内失重速率最快。此后随着温度的升高，

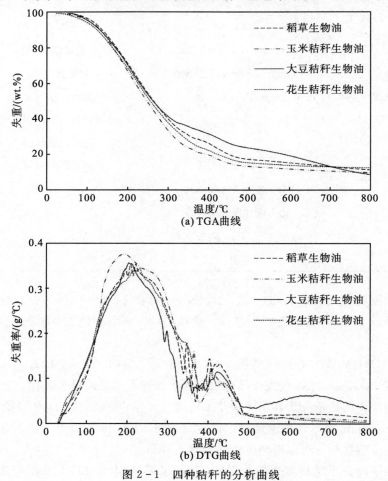

图 2-1 四种秸秆的分析曲线

原料的失重速率不再发生明显的变化。因此将秸秆水热液化反应温度选定为失重速率最高点(即 320 ℃),在此温度下期望获得原料的最大转化率和生物油产率。

2.4 原料组成对水热液化产物分布的影响

实验选取玉米秸秆、花生秸秆、大豆秸秆和稻草,使其在相同反应条件下(320 ℃,60 min,秸秆/水比例为 $\frac{150\ g}{400\ mL}$)进行水热液化反应,考察原料组成对其液化产物分布的影响规律。实验结果如图 2-2 所示。在四种作物秸秆中,大豆秸秆的生物油产量最高为 15.8±0.8 wt. %,其次是稻草和花生秸秆,分别为 15.1±0.7 wt. % 和 14.7±0.7 wt. %。相比之下,玉米秸秆的生物油产率最低,为 7.9±0.4 wt. %,明显低于其他作物秸秆。

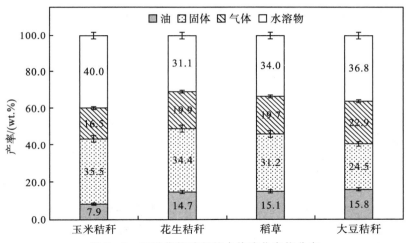

图 2-2 四种作物秸秆的水热液化产物分布

考虑到四种作物秸秆在水热液化过程中都采用相同的反应参数,生物油产率的差异应归因于这些原料的组成不同。作为典型的木质纤维素类生物质,秸秆中通常含有较大比例的纤维素、半纤维素和木质素。以本实验为例,纤维素、半纤维素和木质素在四种秸秆中总含量在 73.09~87.59 wt. %(见表 2-1),它们的相对含量各不相同。作为一种典型的线性聚合物,纤维素在相对较低和较窄的温度范围内很容易完全分解[7,8]。因此,从纤维素含量较高的生物质中可以获得相对较高的生物油产量。半纤维素通常位于纤维素内部以及纤维素和木质素之间[9]。由于其支链和较差的结构规则性,半纤维素通常不太稳定,在较低温度下会部分分解[7,10]。纤维素和半纤维素之间存在的氢键以及它们形成的涂层结构可能会延缓纤维素的水解和进一步分解。基于此,本研究提出了纤维素和半纤维素的质量比,即 $w_{纤维素}/w_{半纤维素}$,并认为秸秆生物油的产量应与秸秆中纤维素含量和 $w_{纤维素}/w_{半纤维素}$ 的值有关。四种秸秆的纤维素含量和 $w_{纤维素}/w_{半纤维素}$ 值如表2-1所示。在本研究中，秸秆的纤维素含量和$w_{纤维素}/w_{半纤维素}$的值越高，其经水热液化的生物油产率越高。基于这一假设，大豆秸秆生物油的最高产率（15.8±0.8 wt.%）可归因于其原料中较高的纤维素含量（42.39 wt.%）和$w_{纤维素}/w_{半纤维素}$值（1.92）。而玉米秸秆生物油的产率最低（7.9±0.4 wt.%），则是由于其原料中最低的纤维素含量（30.81 wt.%）和$w_{纤维素}/w_{半纤维素}$值（1.21）所致。而对于稻草和花生秸秆，由于其原料分别具有最高的纤维素含量（46.33 wt.%，稻草）和相对较高的$w_{纤维素}/w_{半纤维素}$值（1.80，花生秸秆），其生物油产率（分别为15.1±0.7 wt.%和14.6±0.7 wt.%）与大豆秸秆基本相当。当然，这一假设需要在今后的工作中通过更多的样本来验证。

四种作物秸秆的固体产率（24.5~35.5 wt.%）均显著高于其生物油产率。其中，大豆秸秆的固体产率最低，为24.5±1.2 wt.%，显著低于其他三种秸秆的值。有研究表明，在水热液化高温热处理过程中，生物质中的高分子（纤维素、半纤维素和木质素）经过水解以及随后的解聚反应，形成低分子量中间体[11]。固体残渣一般是由高反应活性的中间体复聚而成。另外，研究还发现半纤维素和木质素在热解过程中对固体产率的贡献最大[7]。因此，固体的形成可能是由作物秸秆中相关组分的不完全分解所致。此外，秸秆中的灰分也可能是固体残渣的主要来源。在本研究中，大豆秸秆最低的固体产率可归因于其原料中最高的$w_{纤维素}/w_{半纤维素}$值（1.92）和最低的灰分含量（4.43 wt.%，见表2-1）。四种作物秸秆的气体产率在16.5~22.9 wt.%的范围内波动，主要来源于纤维素和半纤维素的降解[12]。水溶物的产率通过差减法获得。四种作物秸秆的水溶物产率在31.1~40.0 wt.%范围内波动，这些水溶物可能包括一些低分子量的有机酸、酮和酚等[13]。

四种秸秆经水热液化所得气体产物的成分及其含量如图2-3所示。从图中可以看出，CO_2在所有气体产物中均占据了90%以上的比例，其次是CO，含量在4.2%~6.2%。这两种成分可能是由于纤维素和半纤维素的降解导致羰基断裂而形成的[12]。气体还包括H_2（1.9%~3.1%）、CH_4（0.6%~1.1%）和少量的C_2H_6、C_3H_8。CH_4的形成很可能是由于木质素分子的甲氧基断裂所致[14]。尽管其含量较低，但其浓度似乎与

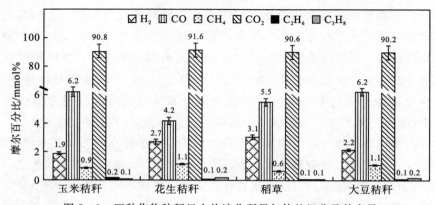

图2-3　四种作物秸秆经水热液化所得气体的组分及其含量

秸秆中的木质素含量有关。通常秸秆中的木质素含量越高，CH_4浓度越高，这与先前文献报道的结果一致[12]。

2.5　生物油的性质表征

2.5.1　元素分析

表 2-4 列出了四种作物秸秆经水热液化所得生物油的元素组成和热值。相对于其原料，生物油具有显著更高的 C 和 H 含量（分别为 72.28～73.16 wt.％和 7.38～8.09 wt.％），以及明显更低的 O 含量（12.26～13.29 wt.％），这也导致其热值（32.98～33.78 MJ/kg）较原料显著增加。尽管四种作物秸秆的纤维素、半纤维素和木质素含量差异较大，但所得生物油的 C、H、O 原子含量和热值彼此间无明显差异。H/C 值常用来粗略估计生物油的不饱和程度。在本研究中，四种生物油的 H/C 值在 1.21～1.34 范围内波动，表明秸秆水热液化所得生物油仍具有较高的不饱和度，需要进一步加氢改质。对于大豆秸秆生物油，其 H/C 值（1.21）明显低于其他样品，表明其含有更多的不饱和化合物，这一点将在随后的 GC-MS 分析中得到证实。四种生物油的 N 和 S 含量分别在 0.99～2.19 wt.％和 0.22～0.33 wt.％范围内波动，较原料的值有明显增加。这也表明，在秸秆水热液化制备生物油的过程中，脱氮和脱硫的效果远不如脱氧的效果，这在先前的文献报道中也得到证实[11],[15]。生物油的 O/C 值集中分布于 0.13～0.14，也远小于对应原料的值，其原因是原料中大部分氧在反应的过程中转移到水相（如乙酸）和气相（如 CO_2）中。有关研究表明大约有 35 wt.％的有机物溶解于水相中[16]。

表 2-4　四种作物秸秆水热液化所得生物油的元素组成和热值

元素组成	玉米秸秆生物油	大豆秸秆生物油	稻草生物油	花生秸秆生物油
C/(wt.％)	72.43	73.16	72.68	72.28
H/(wt.％)	7.81	7.38	7.96	8.09
N/(wt.％)	0.99	2.19	1.69	2.07
O/(wt.％)	13.29	12.68	12.40	12.26
S/(wt.％)	0.28	0.22	0.33	0.24
H/C	1.29	1.21	1.31	1.34
O/C	0.14	0.13	0.13	0.13
热值/(MJ·kg⁻¹)	33.24	32.98	33.70	33.78

2.5.2　GC‐MS分析

为更好地了解作物秸秆经水热液化所得生物油的性质，本研究采用GC‐MS分析对其化学组成进行测定。图2‐4为四种秸秆生物油的总离子流图。从图中可以看出，四种秸秆生物油组分的保留时间大多集中在20 min之内。其中玉米秸秆生物油的特点更为明显。其他三种秸秆生物油在30～40 min的保留时间内仍能观察到较多的峰，尤其花生秸秆生物油为甚，在33 min处仍存在一个较强峰。这表明花生秸秆生物油比玉米秸秆生物油含有更多的高沸点物质。

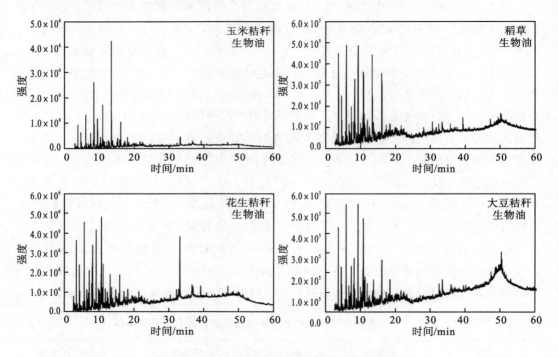

图2‐4　四种秸秆生物油的总离子流图

为更好地观察生物油组分，将各色谱峰经碎片解析以及与质谱库比对进行定性分析，结果如表2‐5所示。在已鉴定出的化合物中，我们将峰面积大于总离子色谱图总面积0.5%的化合物进行了归类，将之进一步分为芳香族、烷烃、烯烃、酮、醇、醛、羧酸、酚类化合物和含氮杂环化合物，结果如表2‐6所示。需要指出的是，由于部分轻组分在溶剂挥发过程中丢失或在分析过程中被溶剂掩盖，而重组分在设定气化温度（300 ℃）下很难气化，因此，所得分析结果仅为生物油的部分组分。

表 2-5　四种秸秆生物油总离子流图中主要峰的鉴定化合物及其面积百分比

保留时间/min	化合物名称	峰面积/%			
		玉米秸秆生物油	稻草生物油	花生秸秆生物油	大豆秸秆生物油
2.449	Propanoic acid	0.63			
2.753	Pyridine			0.54	
3.303	Cyclopentanone	1.71	3.26	1.93	4.11
4.15	Cyclopentanone, 2-methyl-	1.23	1.83	1.32	2.5
4.273	(R)-(＋)-3-Methylcyclopentanone	0.63	1.05	0.7	1.61
5.262	Cyclohexanone		0.71		
5.534	2-Cyclopenten-1-one, 2-methyl-	3.37	5.52	3.44	8.07
5.761	Butyrolactone	0.8		0.8	
5.819	Butanoic acid, 4-hydroxy-		1.26		
6.31	Cyclopentanone, 2-ethyl-	0.62	1.38	0.88	2.17
6.511	Cyclohexene, 1, 6-dimethyl-			0.59	0.99
6.524	Cyclohexene, 1, 2-dimethyl-		0.76		
6.757	5-Methyl-3-heptene			0.81	
6.782	3-Heptene, 3-methyl-				1.95
6.796	2(3H)-Furanone, dihydro-5-methyl-		0.94		
6.996	2-Cyclopenten-1-one, 3-methyl-	2.25	3.85	2.41	6.08
7.746	2-Cyclopenten-1-one, 3, 4-dimethyl-	0.97	1.36	1.21	2.43
7.869	2-Cyclopenten-1-one, 2, 3-dimethyl-	0.77	1.91	1.58	3.94
7.979	Phenol	9.78	4.98	4.3	2.38
8.497	2-Cyclopenten-1-one, 3, 4-dimethyl-			0.55	
8.516	Cyclopentene, 1-(1-methylethyl)-				0.82
8.807	1H-Pyrazole, 1, 3-dimethyl-		0.63		
8.982	2-Cyclopenten-1-one, 2, 3-dimethyl-	3.28	5.51	3.24	8.82
9.37	2-Butenenitrile, 2-amino-3-methyl-		0.93		
9.661	2-Cyclopenten-1-one, 2, 3, 4-trimethyl-	0.65	1.11	0.88	1.85
9.862	Phenol, 2-methyl-	1.89	1.57	1.29	1.66
10.043	2-Cyclopenten-1-one, 3-ethyl-	0.92	1.59	1.23	2.35
10.334	1H-Imidazole-4-carboxaldehyde		0.55	0.6	0.81

保留时间/min	化合物名称	峰面积/%			
		玉米秸秆生物油	稻草生物油	花生秸秆生物油	大豆秸秆生物油
10.399	2 - Cyclopenten - 1 - one, 2, 3, 4 - trimethyl -	0.98	2.16	1.71	3.31
10.476	Phenol, 2 - methoxy -	7.3	5.85	7.14	8.31
10.554	Phenol, 4 - methyl -		1.49		3.64
10.696	Cyclopentanecarboxaldehyde, 2 - methyl - 3 - methylene -	0.56	0.99	0.81	1.43
10.761	2 - Amino - 3 - methylpyridine - N - oxide			1.11	2.24
10.774	1, 3 - Benzenediol, 2 - methyl -	0.91			
10.774	3 - Fluoro - o - xylene		1.99		
10.923	Benzofuran, 2 - methyl -	0.59	0.64		
10.948	2, 4 - Imidazolidinedione, 3, 5, 5 - trimethyl -			2.54	
10.961	1H - Imidazole, 1 - methyl - 4 - nitro -				3.05
10.968	Pyrazole, 1 - methyl - 4 - nitro -	0.84			
10.981	1H - Imidazole, 1 - methyl - 4 - nitro -		1.19		
11.078	N, N - Dimethyl - 3 - pyridinamine			0.54	
11.084	7, 7 - Dimethyl - 9 - oxatricyclo [6.2.2.0(1, 6)] dodecan - 10 - one	0.62			
11.595	Pyrazine, 2 - methoxy - 3 - methyl -			0.96	
11.602	4 - Octyne, 2 - methyl -				1.8
11.608	5 - Ethylcyclopent - 1 - enecarboxaldehyde	0.82			
11.608	Pyrazine, 2 - methoxy - 3 - methyl -		1.37		
11.763	2, 5 - Pyrrolidinedione, 1 - ethyl -			0.65	
12.009	Phenol, 2 - methoxy - 4 - methyl -	0.68	0.74		
12.177	Phenol, 2 - ethyl -	1.46	1.12	0.83	
12.404	Phenol, 2, 4 - dimethyl -	1.21		0.6	
12.462	Phenol, 2, 5 - dimethyl -		0.85	0.52	
12.986	Phenol, 4 - ethyl -	13.07	6.2	1.77	1.23
13.102	Phenol, 3 - ethyl -	1.04	1.08	0.58	1.04
13.141	2 - Pyridinamine, 3 - ethoxy -			0.55	1.25
13.154	Phenol, 3 - ethyl -		1.07		

保留时间/min	化合物名称	峰面积/%			
		玉米秸秆生物油	稻草生物油	花生秸秆生物油	大豆秸秆生物油
13.225	Phenol，2，4 - dimethyl -	1.32	1.38	0.81	
13.283	3，4，5，6，7，8 - Hexahydro - 2H - chromene				2.95
13.284	Cyclohexene，4 - methyl - 1 -(1 - methylethyl)-，(R)-			0.52	
13.297	endo - 2 - Methylbicyclo[3.3.1]nonane		0.96		
13.381	Phenol，2 - methoxy - 4 - methyl -	0.94	1.19	1.22	2.84
13.723	1H - Benzimidazole，5，6 - dimethyl -		0.8		
13.73	Phenol，3，5 - dimethyl -			0.68	
14.571	1，2 - Benzenediol			1.35	
14.571	Benzene，1 - ethoxy - 4 - methoxy -		0.68		
14.623	Phenol，3 -(1 - methylethyl)-	0.93			
14.674	1，2 - Benzenediol			0.68	
14.687	Cyclopentane，2 - methyl - 1 - methylene - 3 -(1 - methylethenyl)-		0.88		
14.836	Phenol，4 - ethyl - 3 - methyl -	1.19			
14.842	Benzene，1 - ethyl - 4 - methoxy -		0.81	0.63	
15.205	3 - Methylenecycloheptene			0.63	
15.211	3 - Octen - 5 - yne，2，7 - dimethyl -，(E)-		0.73		
15.477	1，2 - Benzenediol，3 - methoxy -	1.66			
15.483	para - Methoxybenzenethiol			1.22	
15.716	Phenol，4 - ethyl - 2 - methoxy -	3.42	4.4	1.86	5.09
16.718	2 -(2 - Hydroxyphenyl)buta - 1，3 - diene		0.53		
16.796	Thymol	0.62			
16.815	3，4 - Diethylphenol		0.57		
16.906	1，2 - Benzenediol，4 - methyl -			1.68	
16.951	1H - Pyrazole，1，3，5 - trimethyl -	1.03			
16.964	cis - 8a - Methyl - 3 - oxodecahydro - 4a - naphthalene-carbonitrile				0.8
16.99	Tricyclo[7.2.2.0(3，8)]trideca - 5，12 - dien - 2 - one，1 - methoxy - 4 -(acetoxy)methyl -		1.34		

保留时间 /min	化合物名称	峰面积/%			
		玉米秸秆生物油	稻草生物油	花生秸秆生物油	大豆秸秆生物油
17.048	Spiro[4.4]nonane, 1 - methylene -		0.66		
17.061	4, 5 - Dimethyl - ortho - phenylenediamine			0.61	
17.546	2 - Propenoic acid, 3 -(dimethylamino)-, methyl ester		0.53		
17.579	1H - Inden - 1 - ol, 2, 3 - dihydro -	0.65	0.52	0.69	
17.676	Phenol, 2, 6 - dimethoxy -	1.79	0.63		
18.038	Butan - 2 - one, 4 -(3 - hydroxy - 2 - methoxyphenyl)-			0.83	
18.045	Phenol, 2 - methoxy - 4 - propyl -	1.44			2.71
18.057	Dihydrojasmone		0.73		
18.103	5 - Isopropenyl - 2 - methylcyclopent - 1 - enecarboxaldehyde		0.68		
18.685	Naphth[1, 2 - b]oxirene, 1a, 2, 3, 7b - tetrahydro -		0.63		
19.248	Benzene, 2 - fluoro - 1, 3, 5 - trimethyl -	0.52			
19.248	Phenol, 2 - methoxy - 3 - methyl -			1.13	
19.351	4 - Ethylthiophenol			0.88	
19.384	1, 3 - Benzenediol, 4, 5 - dimethyl -	1.12			
19.403	Benzene, 2 - fluoro - 1, 3, 5 - trimethyl -		0.76	0.81	
19.494	Ethanone, 1 -(3 - hydroxyphenyl)-	0.8			
19.5	1, 3 - Benzenediol, 4, 5 - dimethyl -		0.75		
19.636	Pyrrole - 3 - carbonitrile, 5 - formyl - 2, 4 - dimethyl -	0.65			
19.688	Benzene, 1, 3, 5 - trimethyl - 2 - nitro -	0.71			
19.713	Digermane, ethyl -		0.78	0.8	
19.81	2 - Methyl - 5 - hydroxybenzofuran	0.92			
19.849	Benzene, 2 - fluoro - 1, 3, 5 - trimethyl -		0.98		
20.095	4 - Methoxy - 2 - methyl - 1 -(methylthio) benzene	0.64			
20.121	3 -(2 - Methoxypyridin - 6 - yl)- 1 - propanol		0.67		
20.121	Benzene, 2 - fluoro - 1, 3, 5 - trimethyl -			0.65	
20.231	Ethanone, 1 -(2, 3, 4 - trihydroxyphenyl)-	0.54			
20.444	Benzo[b]thiophene, 2, 7 - dimethyl - 2, 7			0.53	

续表

保留时间/min	化合物名称	峰面积/%			
		玉米秸秆生物油	稻草生物油	花生秸秆生物油	大豆秸秆生物油
20.464	3 - Methylcinnamic acid	0.51			
21.195	1H - Indole, 2, 3 - dimethyl -			0.83	
21.214	1H - Indole, 5, 7 - dimethyl -	0.58			
21.279	2 - Propanone, 1 -(4 - methoxyphenyl)-	1.07			
21.499	2, 5 - Dimethylthiophene - 3, 4 - dicarbonitrile	0.66		0.81	
21.777	1H - Indole, 1, 2, 3 - trimethyl -			0.58	
21.783	Benzo[b]thiophene, 2, 7 - dimethyl -	0.57			
21.984	1H - Indole, 1, 2, 3 - trimethyl -			1.13	
22.003	5 - tert - Butylpyrogallol	1.51			
22.165	Phenol, 4 - ethyl - 2 - methoxy -			0.65	
22.191	Benzofuran, 2 - ethenyl -	0.77			
24.274	4 - Propyl - 1, 1'- diphenyl	0.52			
30.264	2 - Undecanone, 6, 10 - dimethyl -		0.71		
32.056	Hexadecanoic acid, methyl ester		0.53		0.86
32.683	cis - 9 - Hexadecenoic acid			1.3	
32.987	n - Hexadecanoic acid	1.77			0.97
33.019	n - Hexadecanoic acid			4.36	
36.5	Octadec - 9 - enoic acid	1.23		1.5	
36.823	Octadecanoic acid			0.7	
38.958	9 - Tricosene, (Z)-		0.63		
38.964	1 - Nonadecene			0.51	
46.804	Morphinan - 3 - ol, 17 - methyl -	0.64	0.55		
49.754	5 - Methyl - 2 - trimethylsilyloxy - acetophenone				2.05
49.76	1, 2 - Benzisothiazol - 3 - amine tbdms		0.54		
49.915	1H - Indole, 1 - methyl - 2 - phenyl -				1.85

　　如表 2 - 6 所示，酮和酚类化合物是四种秸秆生物油中含量最丰富的化合物，但它们的相对含量各不相同。其中，大豆秸秆生物油的酮含量最高，为 49.29%，稻草生物油次之，为 34.96%。相比之下，花生秸秆生物油和玉米秸秆生物油中酮的含量分别为

25.90％和21.21％，明显低于前两者的值。在四种生物油中，环酮（主要是环戊酮、2-环戊烯-1-酮及其烷基衍生物）在检测到的酮中占有较大比例。据文献报道，酮主要是源于纤维素的水解、脱水和环化过程[17]。因此，这表明纤维素含量高的农作物秸秆中的生物油应含有较高数量的酮。虽然稻草的纤维素含量甚至略高于大豆秸秆，但其明显更高的半纤维素含量（31.09 wt.％，见表 2-1），导致其 $w_{纤维素}/w_{半纤维素}$ 值要显著低于大豆秸秆，进而导致稻草生物油中酮的含量低于大豆秸秆生物油的值。据此分析，玉米秸秆中最低的纤维素含量（30.81 wt.％）和 $w_{纤维素}/w_{半纤维素}$ 值（1.21）是导致其生物油中酮含量最低的主要原因。

表 2-6　四种秸秆生物油的分子组成　　　　　　　　　　　单位:％

组分分类	玉米秸秆生物油	稻草生物油	花生秸秆生物油	大豆秸秆生物油
芳香族	0.52	—	—	—
烷烃	—	3.81	0.80	—
烯烃	—	2.12	3.06	5.56
酮	21.21	34.96	25.90	49.29
酚类化合物	53.28	33.87	28.31	28.90
含氮杂环化合物	3.10	3.99	6.24	8.39
醇	1.29	1.07	0.69	—
羧酸	4.14	1.26	7.86	0.97
醛	1.38	2.22	1.41	2.24

四种生物油中检测出的酚类化合物主要是苯酚及其系列衍生物，如 2-甲基苯酚、2-甲氧基苯酚、4-乙基苯酚、2-甲氧基-4-甲基苯酚和 4-乙基-2-甲氧基苯酚等。在四种生物油中，玉米秸秆生物油的酚类化合物含量最高，为 53.28％，显著高于其他生物油的值（28.31％～33.87％）。酚类化合物主要来自木质素的降解，包括水解和随后的再水合作用[18]。此外，纤维素和半纤维素水解的中间产物的缩合/环化也是酚类化合物的主要来源[1]。与酮和酚类化合物相比，羧酸在四种生物油中只占很小的比例。花生秸秆生物油中羧酸含量最高，为 7.86％，玉米秸秆生物油次之，为 4.14％。在上述两种生物油中，检测出的羧酸主要是长链脂肪酸，包括正十六烯酸和十八烯酸。这些脂肪酸被认为是由生物质抽提物的进一步分解产生的[19]。在大豆秸秆生物油和稻草生物油中，羧酸的含量约为 1％，远低于其他生物油。

四种生物油中含氮杂环化合物的含量在 3.10％～8.39％范围内波动。其中大豆秸秆生物油中含氮杂环化合物的含量最高，玉米秸秆生物油的含氮杂环化合物含量最低。四种生物油中含氮杂环化合物含量的排序与其氮元素含量的排序一致（见表 2-4），这也表明含氮杂环化合物可能是四种生物油氮元素的主要来源。在四种生物油中代表性含氮杂环化合物彼此间也有明显差异。例如，在玉米秸秆生物油中，吡唑及其衍生物在已鉴定的含氮杂环化合物中占很大比例，而稻草生物油中的代表性含氮杂环化合物则是咪唑和吡嗪的衍生物。对于花生秸秆生物油和大豆秸秆生物油，鉴定出的含氮杂环化合物主要包括吡啶和吲哚的衍生物。这也是源于其原料的组成差异。与其他生物油相比，大豆秸秆生物油中烯烃含量较高，为 5.56%，主要是环戊烯酮及其衍生物，这也导致其 H/C 比明显低于其他三种生物油。其他类型的化合物，包括芳香族、醇类和醛类，在四种生物油中所占比例很小，或者没有被检测到。

普通的气质分析常出现产物共流出造成多峰叠加，使得谱峰识别出现偏差，造成结果不够准确[16]。使用全二维气相色谱飞行时间质谱仪（GC×GC‐TOFMS）分析可以将沸点相近的化合物，通过其极性差异在二维柱上分离开来，使得在一维柱上分离不完全的峰经二维柱分离后重新被识别，大大提高了测试的准确度和可信度。

表 2‐7 给出了四种秸秆生物油中组分的部分分析结果，即杂原子（含氧、氮和硫）化

表 2‐7　使用 GC×GC‐TOFMS 分析所得四种秸秆生物油中杂原子化合物及其含量 单位：%

化合物种类		稻草生物油	大豆秸秆生物油	玉米秸秆生物油	花生秸秆生物油
含氧化合物	酚	13.84	6.92	14.10	10.02
	酮	27.03	21.39	29.93	19.05
	羧酸	10.39	10.63	5.75	13.38
	酚羟基、酯基、酮羰基	15.75	17.59	16.11	13.84
	内脂	1.22	2.55	4.06	1.20
	醇	0.41	1.19	0.73	1.30
含氮化合物	吡啶	1.36	1.90	0.80	1.85
	吲哚	0.44	0.86	0.35	0.60
	吡嗪	0.39	0.90	0.22	0.35
	吡唑	0.15	0.18	—	0.05
	吡咯	0.11	0.52	—	0.10
	喹啉	0.05	0.16	—	0.09
	C≡N	0.05	0.10	—	0.06
	胺	—	0.15	0.12	1.39
含氮，氧化合物	吡咯烷酮	2.41	5.48	2.38	6.21
	胺、酮羰基	2.07	0.19	3.67	2.74
	酰胺	0.07	0.33	0.06	2.21
含硫化合物	噻吩酮	0.17	0.09	0.09	0.10
	二硫化物	0.13	0.06	0.15	0.11

合物及其相对含量。经二维气质分析检测出四种秸秆生物油中酮类的含量高于普通气质分析测出的值，并且二维气质分析也检测出了微量的含硫化合物。从表中可以看出，大豆秸秆生物油的酚类含量(6.92%)明显少于其他三种秸秆生物油，而各种含氧官能团的化合物含量(17.59%)较多，这是由于大豆秸秆中的木质素含量较高(18.93 wt.%)。木质素通过水热液化反应发生分解，生成复杂的小分子化合物，由于木质素复杂的结构，导致这些小分子化合物中同时含有几个含氧官能团。大豆秸秆生物油和花生秸秆生物油中的含氮氧化合物主要是吡咯烷酮，含量分别为5.48%和6.21%，高于其在其他两种油中的含量。秸秆生物油中的吡咯烷酮是由于原料中的蛋白质受热水解或者分解之后环化生成的。因此，其在油中的含量与其原料中蛋白质含量有关。两种秸秆原料中的蛋白质含量分别为7.94%和8.63%(见表2-1)，其含量高于另外两种秸秆原料。这也印证了上述推断。总体而言，二维气质分析测试出的化合物含量的数量明显多于普通气质的测试结果，同时二维气质也能检测出普通气质未能检出的微量化合物，因此，将GC×GC-TOFMS用于生物油组分的检测分析势必能获得更为准确、详细的结果。

2.5.3　热重分析

四种秸秆生物油的TGA和DTG曲线如图2-5所示。在TGA曲线中可以看出，除大豆秸秆生物油外，其他生物油的变化趋势基本相同。生物油在106～350 ℃范围内有明显的失重现象，其中玉米秸秆生物油在该温度范围内的失重率，为70.5 wt.%，略高于其他油，说明玉米秸秆生物油中含有较多的低沸点化合物。当温度达到480 ℃时，除了大豆秸秆生物油，其他三种油均没有观察到明显的重量损失。加热到800 ℃时四种油中仍有一定量的残留物(9.8～12.5 wt.%)。对于大豆秸秆生物油，在280 ℃以前，其失重量随温度的变化与其他生物油基本一致。但在280 ℃时，其失重曲线与其他三种油开始出现明显的差异。随着温度升高，其失重曲线不像其他油那样陡峭，这种逐渐降低的趋势一直持续到测量结束。这表明大豆秸秆生物油中含有较多的高沸点化合物。大豆秸秆生物油蒸发后的残留量略低于其他生物油。在DTG曲线中，我们观察到四种生物油在200～500 ℃出现两个峰，分别位于250 ℃和450 ℃左右，反映在此温度范围内含量较多的化合物的挥发与分解。其中玉米秸秆生物油在250 ℃左右的出峰温度要显著低于其他三种生物油的值，这也印证了玉米秸秆生物油中含有较多的低沸点化合物。大豆秸秆生物油在500～800 ℃范围内出现的一个鼓包，意味着大豆秸秆生物油较其他三种油含有更多的高沸点化合物。

四种秸秆生物油的沸点分布结果如表2-8所示。处于50～140 ℃沸点范围的是碳链为C5—C7的石脑油，可以用来分离各种有机物质，通常用来生产芳烃。四种秸秆生物油在此沸点范围内的组分含量在10.24～12.40 wt.%，彼此间并无明显差异。在140～230 ℃沸点范围内的是航空煤油，这是一种具有较高经济价值的燃油，被广泛用于各种喷气式飞机燃料。四种秸秆生物油在此沸点范围内的组分含量在27.70～

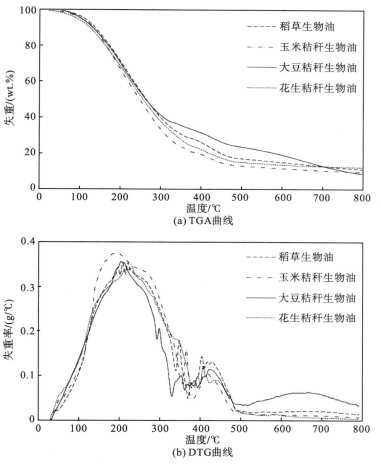

(a) TGA曲线

(b) DTG曲线

图 2-5　四种秸秆生物油的曲线

32.03 wt.％,其中,玉米秸秆生物油在此沸点范围内的组分含量最高,且明显高于其他三种生物油。260～410 ℃沸点范围内的是柴油,玉米秸秆生物油和花生秸秆生物油在此范围内的组分含量较高,约为 27 wt.％。而大豆秸秆生物油在此范围内的组分含量仅为 20 wt.％左右,明显低于其他三种生物油。

表 2-8　四种秸秆生物油的沸点分布　　　　　　　　单位：wt.％

种类	花生秸秆生物油	大豆秸秆生物油	稻草生物油	玉米秸秆生物油
石脑油(50～140 ℃)	12.40	11.82	10.24	10.98
航空煤油(140～230 ℃)	27.70	27.94	28.26	32.03
轻质柴油(260～350 ℃)	21.09	15.22	20.63	22.22
重质柴油(350～410 ℃)	6.53	5.02	5.87	5.03

2.5.4 凝胶渗透色谱分析

凝胶渗透色谱法利用体积排阻的分离机理,通过具有分子筛性质的固定相,分离相对分子质量较小的物质,同时分析分子体积不同、具有相同化学性质的高分子同系物。凝胶渗透色谱法也称体积排出色谱,反映了溶解在溶剂中溶质体积的大小,待测化合物的体积越大则越先被淋洗出来,反之则后被淋洗出来。所有链长都相等的单分散聚合物(如蛋白质),其多分散型指数 PDI=1.0,逐步聚合反应生成高聚物的 PDI 值通常在 2.0 左右,而连锁聚合反应产物的 PDI 值在 1.5~2.0。生物油的平均分子量和 PDI 指数分布测定结果如表 2-9 所示。四种秸秆生物油的数均分子量 M_n(84~91 g/mol)和重均分子量 M_w(128~140 g/mol)的值彼此接近,这也说明秸秆经水热液化反应产生的油中各化合物的分子量偏小。其中玉米秸秆生物油的 M_n 为 84 g/mol,在四种生物油中最低。PDI 指数在数值上为 M_w 与 M_n 的比值,用来衡量分子量分布的宽度。四种秸秆生物油的 PDI 指数为 1.41~1.62,亦反映出生物油中不同分子量化合物的多样性分布。研究表明,M_w 值的增加,意味着烷烃的含量有所提高[90]。这种说法在本研究中也得到了验证。如稻草生物油的 M_w 是 140 g/mol,在四种生物油中最高,其烷烃的含量(3.81%)也明显高于其他三种生物油。

表 2-9 四种秸秆生物油的平均分子量和 PDI 指数

秸秆生物油	$M_n/(g \cdot mol^{-1})$	$M_w/(g \cdot mol^{-1})$	PDI
花生秸秆生物油	91	137	1.51
大豆秸秆生物油	91	128	1.41
稻草生物油	89	140	1.57
玉米秸秆生物油	84	136	1.62

参考文献

[1] ZHU Z, ROSENDAHL L, TOOR S S, et al. Hydrothermal liquefaction of barley straw to bio-crude oil: effects of reaction temperature and aqueous phase recirculation [J]. Applied energy, 2015, 137: 183-192.

[2] WANG C, PAN J, LI J, et al. Comparative studies of products produced from four different biomass samples via deoxy-liquefaction [J]. Bioresource technology, 2008, 99: 2778-2786.

[3] YOUNAS R, HAO S, ZHANG L, et al. Hydrothermal liquefaction of rice straw with NiO nanocatalyst for bio-oil production [J]. Renewable energy, 2017, 113:

532 - 545.

[4] SINGH R, CHAUDHARY K, BISWAS B, et al. Hydrothermal liquefaction of rice straw: effect of reaction environment [J]. Journal of supercritical fluids, 2015, 104: 70 - 75.

[5] PATIL P T, ARMBRUSTER U, MARTIN A. Hydrothermal liquefaction of wheat straw in hot compressed water and subcritical water – alcohol mixtures [J]. Journal of supercritical fluids, 2014, 93: 121 - 129.

[6] LIU H, LI M, SUN R. Hydrothermal liquefaction of cornstalk: 7 – lump distribution and characterization of products [J]. Bioresource technology, 2013, 128: 58 - 64.

[7] YU J, PATERSON N, BLAMEY J, et al. Cellulose, xylan and lignin interactions during pyrolysis of lignocellulosic biomass[J]. Fuel, 2017, 191: 140 - 149.

[8] STEFANIDIS S B D, KALOGIANNIS K G, ILIOPOULOU E F, et al. A study of lignocellulosic biomass pyrolysis via the pyrolysis of cellulose, hemicellulose and lignin[J]. Journal of analytical and applied pyrolysis, 2014, 105: 143 - 150.

[9] ZHANG J, CHOI Y S, YOO C G, et al. Cellulose – hemicellulose and cellulose – lignin interactions during fast pyrolysis [J]. ACS sustain chemistry engineering, 2015, 3: 293 - 301.

[10] CAO L, ZHANG C, CHEN H, et al. Hydrothermal liquefaction of agricultural and forestry wastes: state – of – the – art review and future prospects [J]. Bioresource technology, 2017, 45: 21184 - 21193.

[11] ZHU Z, TOOR S S, ROSENDAHL L, et al. Influence of alkali catalyst on product yield and properties via hydrothermal liquefaction of barley straw [J]. Energy, 2015, 80: 284 - 292.

[12] PASANGULAPATI V, RAMACHANDRIYA K D, KUMAR A, et al. Effects of cellulose, hemicellulose and lignin on thermochemical conversion characteristics of the selected biomass [J]. Bioresource technology, 2012, 114: 663 - 669.

[13] CAPRARIIS B, FILIPPIS P, PETRULLO A, et al. Hydrothermal liquefaction of biomass: Influence of temperature and biomass composition on the bio – oil production [J]. Fuel, 2017, 208: 618 - 625.

[14] YANG H, YAN R, CHEN H, et al. Characteristics of hemicellulose, cellulose and lignin pyrolysis [J]. Fuel, 2007, 86: 1781 - 1788.

[15] WANG F, TIAN Y, ZHANG C, et al. Hydrotreatment of bio – oil distillates produced from pyrolysis and hydrothermal liquefaction of duckweed: A comparison study [J]. Science of total environment, 2018, 636: 953 - 962.

[16] HUBER G W, IBORRA S, CORMA A. Synthesis of transportation fuels from biomass: chemistry, catalysts, and engineering [J]. Chemical reviews, 2006, 106:

4044 - 4098.

[17] ZHOU D, ZHANG L, ZHANG S, et al. Hydrothermal liquefaction of macroalgae enteromorpha prolifera to bio - oil [J]. Energy & fuel, 2010, 24: 4054 - 4061.

[18] BARBIER J, CHARON N, DUPASSIEUX N, et al. Hydrothermal conversion of lignin compounds. A detailed study of fragmentation and condensation reaction pathways [J]. Biomass & bioenergy, 2012, 46: 479 - 491.

[19] ALALIN M K, TEKIN K, KARAGOZ S. Hydrothermal liquefaction of cornelian cherry stones for bio - oil production [J]. Bioresource technology, 2012, 110: 682 - 687.

[20] VARDON D R, SHARMA B K, SCOTT J, et al. Chemical properties of biocrude oil from the hydrothermal liquefaction of spirulina algae, swine manure, and digested anaerobic sludge [J]. Bioresource technology, 2011, 102: 8295 - 8303.

第 3 章　秸秆的催化加氢热解

在秸秆能源化利用的诸多方式中，热解是其中一种较为经济的秸秆转化利用技术。但秸秆直接热解存在着热解油产率低且不饱和度高、气化率高和结焦严重等诸多问题。这也是由秸秆原料自身性质所决定的。秸秆除富氧外，还含有一定量的氮（0.8～1.5 wt.%）和硫（0.1～1 wt.%）。大部分氮和硫在热解过程中会转移到热解油中。与化石燃料相比，秸秆热解油具有富氧、富氮和富硫等特性[1]。富氧致使热解油酸度高、热值低、稳定性差。富氮和富硫致使热解油直接燃烧会产生 NO_x 和 SO_x，造成环境污染。这些均是制约秸秆热解技术发展的主要瓶颈，而造成该技术瓶颈的根本原因是秸秆的贫氢、富氧特性。Chen 等[2]早在 20 世纪 80 年代提出生物质有效氢（H/C_{eff}）的概念，具体计算如式 2－1 所示。

$$H/C_{eff} = \frac{氢元素物质的量 - (2 \times 氧元素物质的量)}{碳元素物质的量} \qquad (3-1)$$

研究者认为 H/C_{eff} 值小于 1 的生物质热解积碳生成率高，从而导致催化剂迅速失活，致使脱氮、脱硫以及脱氧效率差。Vispute 等[3]共同研究了 11 种不同生物质衍生物在 ZSM－5 催化剂上的热解行为。发现，随着原料 H/C_{eff} 值的增加，热解油中芳烃和不饱和烃总量增加，而积碳产率降低。常见秸秆诸如小麦、玉米、水稻等因其富氧特性，H/C_{eff} 值在 0.3～0.5，远低于石油基原料的值（1.0～2.0）[4]。因此，秸秆直接热解会导致大量积碳产生，致使催化剂迅速失活。如水稻秸秆在 500 ℃热解，积碳产率超过 40 wt.%[5]。鉴于此，研究者提出采用加氢热解来克服生物质单独热解的不足。生物质加氢热解可以克服其有效氢值低的不足，改善热解油产率和 H/C 比，并降低其氧含量，同时抑制积碳的生成[6]。Resende[7] 和 Balagurumurthy 等[8-9]分别综述了生物质加氢热解的研究进展。认为氢分子解离所产生的氢自由基可以稳定热解所产生的挥发性中间体，继而阻止中间体的聚合，减少积碳生成；氢气的存在还可以促进烯烃和芳烃的在线氢化，提高热解油的饱和度，降低芳烃含量，增加其稳定性；催化剂存在下，氢气还可以促进热解油的在线脱氮、脱氧和脱硫，提高热解油的品位。

基于此背景，本章以大豆秸秆、玉米秸秆、花生秸秆、稻草为典型低 H/C_{eff} 值生物质，对其展开催化加氢热解过程的研究，探究四种原料的组成对其加氢热解产物分布以及热解油性质的影响。

3.1 实验材料

本研究所用四种秸秆和预处理方法与第 2 章相同，其工业分析和元素分析结果见表 2-1。根据其元素分析结果（见表 2-1）和有效氢的定义，我们得到了其 H/C_{eff} 值，结果如表 3-1 所示。所用的催化剂为 5 wt.％Pd/C，购买自中国郑州阿尔法化工有限公司，使用前置于 105 ℃的烘箱中干燥 4 h，密封备用。实验所用的反应釜为 50 mL 间歇式不锈钢高压反应釜，购买于南京正信仪器有限公司。所用的盐浴为质量比为 5：4 的工业级硝酸钾和硝酸钠的混合熔融盐浴。实验过程中所用的去离子水为实验室自制，所用的二氯甲烷和其他化学药品均购买于试剂公司。

表 3-1 四种秸秆的 H/C_{eff} 值

数值	玉米秸秆	花生秸秆	稻草	大豆秸秆
H/C_{eff}	0.35	0.32	0.30	0.31

3.2 实验流程

实验前，取 10 mL 去离子水加入反应釜中，拧紧密封后放入温度为 400 ℃的盐浴中老化 4 h，以去除釜壁残留的有机物。老化结束后，取 10 g 烘干后的秸秆原料，1 g Pd/C 催化剂于 50 mL 反应釜中，搅拌均匀后密封。用氢气置换反应釜内空气约 15 min，然后充入 4 MPa 氢气，拧紧阀门。待盐浴温度升至 400 ℃时，放入反应釜，大约 25 min 后反应釜升至 400 ℃后开始计时，反应时间 2 h，期间压力升至约 20 MPa，反应结束后将反应釜从盐浴中移出，并放入水中冷却以淬灭反应。待釜冷却至室温后拿出吹干，压力降为 3.5~4 MPa。称取反应釜的质量后，打开放气阀排气，称取排气后反应釜的质量，排气前后反应釜的质量差即为气体质量。打开反应釜，将釜内剩余物倒入 500 mL 烧杯中，用 50 mL 二氯甲烷分三次洗涤反应釜，将釜壁上的热解油和固体残渣洗出后一并倒入烧杯中，将所得混合物进行抽滤（抽滤所用滤纸干燥至恒重后称取质量）。抽滤后剩余固体残渣用 70 mL 二氯甲烷冲洗，至滴下的溶液为淡黄色停止，固体残渣连同滤纸转移至 105 ℃干燥箱中干燥至恒重，固体产物质量等于滤纸和固体残渣（含催化剂）总质量减去滤纸和催化剂的质量。滤液用 50 mL 圆底烧瓶分两次旋蒸，水浴温度为 35 ℃，旋转速度为 60 r/min，蒸发至真空度为 0.09 MPa，停止旋蒸，旋蒸前后烧瓶的质量差即为生物油的质量。各产物产率计算如式（3-2）至式（3-4）所示：

$$生物油产率＝（生物油质量/原料质量）×100\% \tag{3-2}$$

$$固体产率＝（固体残渣质量/原料质量）×100\% \tag{3-3}$$

$$气体产率＝(气体质量/原料质量)×100\% \tag{3-4}$$

生物油的有机元素分析采用 Flash 2000(Thermo Fisher Scientific，USA)元素分析仪进行。生物油中的硫含量是通过 TS-3000 紫外荧光测硫仪测得。生物油的气质分析采用美国 LECO 公司生产的 GC×GC-TOFMS 进行分析，分析条件中仅分流比改为20：1，其余条件同第 2 章(见表 2-1)。生物油的热重分析利用美国 TA 仪器公司生产的 SDT Q600 同步热分析仪进行，其参数和流程同第 2 章。

3.3　四种秸秆催化加氢热解的产物分布

四种秸秆的催化加氢热解的产物分布如图 3-1 所示。大豆秸秆的热解生物油产率最高，为 13.05 wt.%。其次是稻草和花生秸秆，其生物油产率分别为 12.35 wt.% 和11.91 wt.%，玉米秸秆则获得了最低的生物油产率，为 11.75 wt.%。这和水热液化过程中各秸秆的生物油产率排序一致。这也体现了生物油组分对生物油产率的影响。但不同于水热液化过程，四种秸秆催化加氢热解所得生物油的产率十分相近，在11.75～13.05 wt.% 的狭窄范围内波动。不同的转化方式和反应温度可能是造成这种现象的原因。纤维素、半纤维素和木质素是木质纤维素类生物质的三种主要成分，对秸秆亦是如此。其中半纤维素的分解温度范围为 225～350 ℃，纤维素的分解温度范围为 325～375 ℃，木质素的分解温度范围相对较宽，为 250～500 ℃[10]。在水热条件下，反应温度为 320 ℃，半纤维素率先分解，但半纤维素和纤维素间的氢键以及形成的包覆结构会抑制纤维素的进一步分解。而在催化加氢热解过程中，反应温度为 400 ℃，此时半纤维素和纤维素能够完全分解，从而拉近了四种秸秆彼此间的生物油产率。但在高温下，纤维素和半纤维素分解的中间产物又会进一步分解，形成气体产物，从而降低了生物油的产率。这或许也是除玉米秸秆外，其他三种秸秆热解生物油产率低于其水热液化生物油产率的原因。

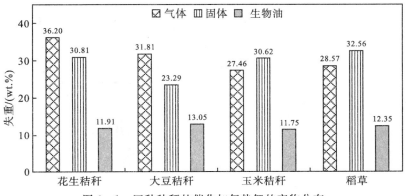

图 3-1　四种秸秆的催化加氢热解的产物分布

在加氢热解过程中，气体来自木质纤维素、蛋白质和脂质的降解。气体来源还有其他方式，例如热解油的脱羧和裂解。通常温度越高，气体产率越大。但高温所带来的高压也会对气体的产生有抑制作用。在本研究中，四种秸秆催化加氢热解过程的气体产率为 27.46～36.20 wt.%。其中花生秸秆的气体产率最大，为 36.20 wt.%，玉米秸秆的气体产率最小，为 27.46 wt.%。在其他反应参数固定时，气体产率的差异主要源于秸秆原料的组分差异，尤其是纤维素和半纤维素的含量差异。四种秸秆在催化加氢热解过程中的固体产率为 23.29～32.56 wt.%，彼此之间亦存在着明显的差异。其中，大豆秸秆的固体产率为 23.29 wt.%，远低于其他三种秸秆的值(30.62～32.56 wt.%)。对于秸秆而言，固体残渣的产生可能是其组分中木质素的不完全分解，以及纤维素/半纤维素分解的中间产物发生的缩聚反应所致[11]。研究亦发现半纤维素和木质素在热解过程中对固体产率的贡献最大[12]。此外，秸秆中的灰分也可能是固体残渣的主要来源。因此，在半纤维素和木质素含量之和彼此相当的情况下(38.63～42.28 wt.%，见表 2-1)，大豆秸秆显著更低的灰分含量(4.43 wt.%)或许是其固体产率远低于其他秸秆的主要原因。

3.4　热解生物油的性质表征

3.4.1　元素分析

四种秸秆经催化加氢热解产生的生物油的元素分析结果如表 3-2 所示，经催化加氢热解后，四种秸秆生物油的 C 和 H 含量分别为 82.06～85.15 wt.% 和 9.24～9.61 wt.%，不仅较其原料有显著的增加，而且也高于其水热液化生物油的 C(72.28～73.16 wt.%，见表 2-3)和 H(7.38～8.09 wt.%)含量。四种秸秆热解油的 O 含量在 4.62～7.86 wt.%，亦显著低于其经水热液化生物油的值(12.26～13.29 wt.%)。这也导致秸秆热解生物油的热值(39.53～41.64 wt.%)明显高于其水热液化生物油的热值(32.98～33.78 wt.%)，表明催化加氢热解能有效地增加生物油的能量密度。

表 3-2　四种作物秸秆催化加氢热解生物油的元素组成(wt.%)及热值

生物油	C	H	N	S/(ppm)	O	H/C	O/C	热值/(MJ·kg^{-1})
花生秸秆	85.15	9.61	1.43	88.18	4.85	1.35	0.04	41.64
玉米秸秆	82.06	9.24	1.18	41.82	7.86	1.35	0.07	39.53
稻草	83.37	9.46	1.31	112.16	5.62	1.36	0.05	40.68
大豆秸秆	84.35	9.37	1.63	46.10	4.62	1.33	0.04	41.07

在热解的过程中加入催化剂和氢气，能够期望对热解产生的生物油起到预改质的作用，即通过将生物油中的杂原子（O、N 和 S）在催化条件下与氢气反应生成 H_2O、NH_3 和 H_2S，达到降低生物油中的杂原子含量，以降低后续改质难度的目的。因秸秆热解油的 S 含量极低，常规元素分析无法检出，故热解生物油中的 S 含量是通过 TS - 3000 紫外荧光测硫仪测得。结果显示，经过催化加氢热解后，四种秸秆所得生物油中的 S 含量降至 42～112 ppm，亦明显小于其经水热液化所得生物油的对应值。四种秸秆热解油的 N 含量（1.18～1.63 wt.%），相较于其原料，并没有降低，甚至略有增加。这和秸秆水热液化的结果相似，表明相对于脱氧、脱硫，生物油的脱氮仍是一个充满挑战的过程。

3.4.2 热重分析

四种秸秆经催化加氢热解所得生物油的 TGA 和 DTG 曲线如图 3-2 所示。

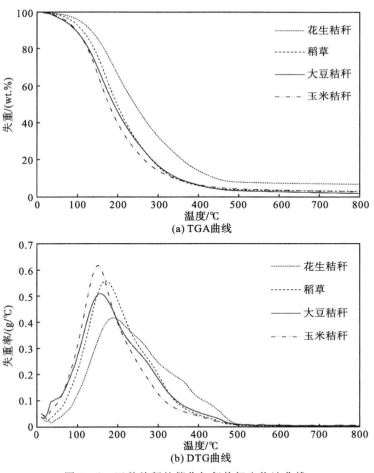

(a) TGA曲线

(b) DTG曲线

图 3-2 四种秸秆的催化加氢热解生物油曲线

从 TGA 曲线中可以看出,花生秸秆热解油失重曲线的变化规律显著有别于其他三种秸秆热解油的失重曲线。在 300 ℃时,花生秸秆热解油的失重率尚不足 70 wt.%,而其他三种秸秆热解油在此温度下的失重率均已超过 80 wt.%,这亦表明花生秸秆热解油相对于其他三种秸秆热解油含有更多的高沸点化合物。在 500 ℃左右,四种秸秆热解油的剩余质量达到稳定。在温度升至 800 ℃时,花生秸秆热解油仍然有 6 wt.%左右的质量剩余,其他三种秸秆热解油的剩余质量为 2 wt.%。在热重的测试过程中,随着温度的升高,生物油中的少量不稳定化合物可能发生聚合生成焦炭,从而造成热解生物油高温下存在的质量剩余。在 DTG 曲线中,我们观察到四种生物油在 200 ℃以内均出现一个明显的峰,反映着此温度范围内含量较多的化合物的挥发与分解。与秸秆水热液化生物油相比(见图 2-5(b)),其热解生物油的出峰温度要略低一些,表示热解油相对于水热液化油含有更多的低沸点化合物。四种油中,玉米秸秆热解生物油的出峰温度约为 150 ℃,低于其他三种热解生物油的值,表明玉米秸秆热解生物油中含有更多的低沸点化合物。花生秸秆热解油的出峰温度最高,且在高温侧有更明显的拖尾,亦反映出其高沸点化合物的更高含量。

表 3-3 列出了四种秸秆催化加氢热解生物油的沸点分布,其中,在低于 35 ℃的范围内仍然有少量组分残余(0.35~1.04 wt.%),这主要是少量二氯甲烷溶剂的残留。在 35~150 ℃,玉米秸秆热解油的组分含量最高,为 33.04 wt.%。对于四种秸秆热解生物油,沸点为 150~250 ℃的化合物是其主要成分,其含量在 38.37~46.61 wt.%。其中稻草热解生物油在此温度范围内的组分含量最高,为 46.61 wt.%。而花生秸秆热解生物油在此温度区间的组分含量最低,为 38.37 wt.%。但在大于 250 ℃的几个温度范围内,花生秸秆热解生物油的组分含量均显著高于其他三种秸秆热解生物油的值。这也印证了花生秸秆热解生物油具有相对更高的高沸点化合物含量。

表 3-3　四种秸秆催化加氢热解生物油的沸点分布(wt.%)

生物油沸点范围/℃	≤35	35~150	150~250	250~350	350~450	≥450
花生秸秆	0.35	14.05	38.37	25.65	12.16	2.63
稻草	0.52	23.72	46.61	20.03	4.95	1.34
大豆秸秆	1.04	29.34	40.98	18.93	5.84	2.33
玉米秸秆	0.96	33.04	42.71	14.11	4.28	2.30

3.4.3　GC-MS 分析

在气质分析中,进样口的温度为 300 ℃,根据热重分析结果,此时花生秸秆热解生物油约有 70 wt.%的组分进入到色谱柱中,其余三种油约有 85 wt.%的组分挥发进入到色谱柱中。图 3-3 为四种秸秆热解生物油的总离子流图。从图中可以看出,四种秸秆热解生物油的保留时间大多集中在 20 min 以内。花生秸秆和稻草的热解生物油在 20~30 min 的保留时间范围内仍观察到大量的组分峰，表明其含有更多的高沸点物质。

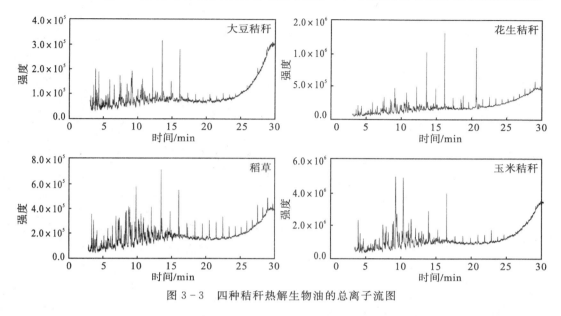

图 3-3　四种秸秆热解生物油的总离子流图

为更好地观察生物油组分，将各色谱峰经碎片解析以及与质谱库比对进行定性分析，结果如表 3-4 所示。在已鉴定出的化合物中，我们将峰面积大于总离子色谱图总面积的 0.5% 的化合物进行了归类，将之进一步分为芳香烃、饱和烃、不饱和烃、脂肪酸、酮、醛、含氮化合物、含氧化合物、含氮氧化合物，结果如表 3-5 所示。需要指出的是，由于部分轻组分在溶剂挥发过程中丢失或在分析过程中被溶剂掩盖，而重组分在设定气化温度（300 ℃）下很难气化，因此，所得分析结果仅为生物油的部分组分。

表 3-4　四种秸秆热解生物油总离子流图中主要峰的鉴定化合物及其面积百分比/%

保留时间/min	化合物名称	峰面积/%			
		大豆秸秆生物油	稻草生物油	花生秸秆生物油	玉米秸秆生物油
3.373	Cyclopentane, propyl -	0.91			
3.449	Methyl ethyl cyclopentene	0.6			
3.524	Cyclopentanone, 2 - methyl -	2.43	0.89	1.02	1.39
3.61	Cyclopentanone, 3 - methyl -		0.53		0.51
3.792	Ethylbenzene	2.38	0.82	0.84	0.8
3.867	Cyclooctene, (Z)-	0.66			

续表

保留时间/min	化合物名称	峰面积/%			
		大豆秸秆生物油	稻草生物油	花生秸秆生物油	玉米秸秆生物油
3.91	Benzene，1，3 – dimethyl –		0.6		0.67
3.921	p – Xylene	2.26		1.77	
4.093	Cyclopropane，1 – ethyl – 1 – methyl –	1.3			
4.275	Nonane	4.82	1.28	1	1.54
4.597	Pentalene，octahydro – 2 – methyl –	0.58			
4.812	Cyclopentane，（1 – methylethyl）–	0.73			
4.909	Heptane，3 – ethyl – 2 – methyl –	0.56			
4.93	Cyclopentanone，2 – ethyl –		0.73		0.68
5.016	Cyclopentene，1 – pentyl –		0.5		
5.188	Benzene，propyl –	1.19	0.54	0.78	
5.284	Benzene，1 – ethyl – 2 – methyl –		0.86		
5.306	Benzene，1 – ethyl – 3 – methyl –	3.1	1.05	0.66	0.82
5.703	Cyclohexane，1，2，3 – trimethyl –	0.88	0.55	0.64	0.63
5.853	Decane	2.17	0.95	1.35	0.86
5.928	Phenol		1.42		2.09
6.304	Benzene，1，2，3 – trimethyl –	1.15	0.82	0.98	
6.39	Benzene，ethoxy –	0.89			
6.497	Indane		1.16	1.31	1.26
6.519	Benzene，1 – ethenyl – 2 – methyl –	2.51			
7.034	Phenol，4 – methyl –			1.55	
7.184	Phenol，2 – methyl –	1.93	2.39	0.69	4.02
7.195	Benzene，1 – methyl – 3 –（1 – methylethyl）–		0.59		
7.26	1H – Indene，2，3 – dihydro – 5 – methyl –	0.94		0.98	
7.335	Benzene，1 – methyl – 2 –（2 – propenyl）–	3.27	1.05	1.73	1.21
7.485	Undecane	1.62	1.19		
7.603	Phenol，4 – methyl –	1.37	0.62	2.79	1.09
7.668	Phenol，3 – methyl –	1.81	1.87		4.01
7.753	Phenol，2，3 – dimethyl –		1.38		

续表

保留时间/min	化合物名称	峰面积/%			
		大豆秸秆生物油	稻草生物油	花生秸秆生物油	玉米秸秆生物油
7.775	Phenol, 2, 5 - dimethyl -			1.17	1.77
8.194	1H - Indene, 2, 3 - dihydro - 4 - methyl -		0.67	0.95	
8.204	Benzene, 2 - butenyl -	1.26			
8.387	Benzene, 1 - ethenyl - 4 - ethyl -	2.19	2.04	1.82	2.81
8.591	Phenol, 2, 4 - dimethyl -	3.39	3.46	3.71	4.12
8.795	Phenol, 4 - ethyl -		3.9		8.96
8.902	Phenol, 3 - ethyl -			1.83	1.68
8.967	Phenol, 2 - ethyl -		2.76	3.39	
8.988	Naphthalene	3.05	3.68		
9.095	Dodecane	4.53	1.28	1.94	
9.149	1H - Indene, 2, 3 - dihydro - 4, 7 - dimethyl -	2.12	0.7	0.88	1.11
9.353	Phenol, 2, 4, 6 - trimethyl -	1.53	1.52	1.58	1.89
9.718	Phenol, 2 - ethyl - 4 - methyl -		2.06	1.37	2.39
9.729	2 - Ethyl - 2, 3 - dihydro - 1H - indene	0.55			
9.879	Phenol, 2 - ethyl - 6 - methyl -		3.79	0.98	7.81
9.976	Phenol, 2 - ethyl - 5 - methyl -	0.75			
10.265	Phenol, 2 - ethyl - 4 - methyl -		1.71		1.65
10.351	Phenol, 3 - ethyl - 5 - methyl -	1.01		2.16	
10.416	Phenol, 2, 3, 5 - trimethyl -	1.38	1.56		0.67
10.459	3 - Ethylphenol, methyl ether			1.05	1.85
10.47	Phenol, 2, 4, 6 - trimethyl -	1.94	0.95		
10.588	Phenol, 2, 3, 6 - trimethyl -		0.52	2.03	
10.641	Tridecane	2.21	1.9	1.97	1.22
10.673	Phenol, 2 - methyl - 5 - (1 - methylethyl) -				1.61
10.759	4 - Hydroxy - 2 - methylacetophenone		0.57		
10.77	Ethanone, 1 - (2 - hydroxy - 5 - methylphenyl) -				1.05
10.942	Naphthalene, 1 - methyl -		1.01	1.49	1.03
10.963	Naphthalene, 2 - methyl -	3.55		1.38	

保留时间/min	化合物名称	峰面积/%			
		大豆秸秆生物油	稻草生物油	花生秸秆生物油	玉米秸秆生物油
10.996	Thymol		1.88		
11.006	Phenol，2 - methyl - 5 -(1 - methylethyl)-				2.96
11.038	4 - Hydroxy - 3 - methylacetophenone	1.37		1.32	1.28
11.157	Phenol，3，5 - diethyl -		0.77		
11.242	Phenol，4 -(1 - methylpropyl)-		0.66		
11.339	Benzaldehyde，2 - ethoxy -	1.47			
11.554	Ethanone，1 -(2 - hydroxy - 5 - methylphenyl)-		1.12		
11.672	Benzene，2 - methoxy - 4 - methyl - 1 -(1 - methylethyl)-		0.7	0.73	1.31
11.683	Phenol，2，3，5，6 - tetramethyl -	1.99			
11.758	Cyclohexene，2 - ethenyl - 1，3，3 - trimethyl -		0.82	0.68	
11.844	Phenol，3 - methyl - 6 - propyl -		0.64		
12.101	Tetradecane	1.59	1.54	1.76	0.68
12.155	2 - Ethyl - 5 - n - propylphenol				1.03
12.198	6 - Methyl - 4 - indanol		0.66		
12.219	Benzene，1 -(methoxymethyl)- 4 -(1 - methylethenyl)-			1.11	0.58
12.252	2 - Aminophenol，N - acetyl - O - carbo[2，2，2 - trichloroethoxy]-		0.52		
12.327	Naphthalene，1，3 - dimethyl -		0.89	1.13	
12.531	Ethanone，1 -[4 -(1 - methyl - 2 - propenyl)phenyl]-		1.46	0.85	1.03
12.552	Naphthalene，1，7 - dimethyl -	1			1.13
12.584	Naphthalene，2，3 - dimethyl -			0.9	
12.595	Naphthalene，1，3 - dimethyl -				0.86
12.735	2 - Ethyl - 5 - n - propylphenol		1.22	0.68	
12.767	4 - Methoxy - 2 - allylphenol				2.2
12.81	Benzenemethanol，3，5 - dimethyl -	2	1.15		
13.078	Benzene，1 - methoxy - 4 -(1 - methyl - 2 - propenyl)-			1.26	4.02
13.185	Ethanone，1 -(3，4，5 - trimethylphenyl)-		1.33	0.82	1.2
13.486	Pentadecane	3.68	2.14	3.79	1.68

续表

保留 时间 /min	化合物名称	峰面积/%			
		大豆 秸秆 生物油	稻草 生物油	花生 秸秆 生物油	玉米 秸秆 生物油
13.615	Benzene, hexamethyl –		1.83		
13.679	Indole, 1，7 – dimethyl –	1.34			
13.69	Benzene, 1，3，5 – triethyl –		0.59		
14.055	Naphthalene, 2，3，6 – trimethyl –		0.56	0.7	
14.098	(1 – Methoxy – 1 – methylbut – 2 – enyl)benzene				0.87
14.281	2，5 – Dimethylthiophene – 3，4 – dicarbonitrile				0.6
14.302	1，3，5 – Cycloheptatriene, 3，4 – diethyl – 7，7 – dimethyl –		0.54		
14.484	1H – Indole, 5，6，7 – trimethyl –		0.7	0.77	0.71
14.57	1H – Indole, 1，2，3 – trimethyl –		0.55	0.89	
14.603	2，3，7 – Trimethylindole				0.73
14.646	Benzo[b]thiophene, 2，5，7 – trimethyl –				0.51
14.688	Benzene, ethylpentamethyl –		0.6		
14.807	Hexadecane	1.42	1.09	1.83	1.15
15.011	2H – Indol – 2 – one, 3 – ethyl – 1，3 – dihydro – 1 – methyl –		0.59	0.87	
15.021	3 – Buten – 2 – one, 4 -(2 – methoxyphenyl)-				0.81
15.032	Spiro(tricyclo[6.2.1.0(2，7)]undeca – 2，4，6，9 – tetraene – 11，1'– cyclopropane	2.26			
15.3	2，7 – Dimethylhomotryptamine		0.51		
15.515	4H – Pyrrolo[3，2，1 – ij]quinoline, 1，2，5，6 – tetrahydro – 6 – methyl –				0.97
16.052	Heptadecane	2.51	1.71	5.38	2.03
16.127	2 – Methyl – 5 -(hexyn – 1 – yl)pyridine	0.6		0.64	
16.31	1，4 – Methanonaphthalene, 1，4 – dihydro – 9 -((1 – methylethylidene)-			0.96	
17.243	Octadecane	0.59	0.5	0.75	
20.486	Nonadecane	0.51	0.66	0.99	

续表

保留时间/min	化合物名称	峰面积/%			
		大豆秸秆生物油	稻草生物油	花生秸秆生物油	玉米秸秆生物油
20.529	9 - Octadecenoic acid，methyl ester，(E)-			4.68	
20.571	2 - Nonadecanone			1.52	
21.473	Docosane			0.51	0.95
22.418	Heneicosane			0.6	0.81
23.33	Tetracosane				0.74
27.41	Di - n - decylsulfone			0.64	
27.421	Eicosane	1.1			1.54
28.387	1，4 - Phthalazinedione，2，3 - dihydro - 6 - nitro -	0.59			
28.687	1，2 - Benzisothiazol - 3 - amine tbdms	0.58			
28.859	2 -(Acetoxymethyl)- 3 -(methoxycarbonyl) biphenylene			0.81	0.79
28.87	4 - Methyl - 2 - trimethylsilyloxy - acetophenone	1.54			

如表 3-5 所示，含氧化合物(27.58～59.67 wt.％)、饱和烃(9.79～26.08 wt.％)和芳香烃(16.90～26.22 wt.％)在四种秸秆热解生物油中占据了比较大的比例。含氧化合物主要为苯酚及其烷基衍生物，如 2-甲基苯酚，4-乙基苯酚，以及 2-乙基-6-甲基苯酚等。这些含氧化合物在玉米秸秆热解生物油中所占的比例最高，为 59.67％；其次为稻草热解生物油，其含氧化合物含量为 36.25％。大豆秸秆和花生秸秆的热解生物油的含氧化合物含量大致相当，分别为 27.58％和 29.21％。这与其元素组成中的氧含量(见表 3-2)呈现出相似的排布规律。

表 3-5　四种秸秆热解生物油的分子组成(峰面积％)

热解生物油	脂肪酸	饱和烃	不饱和烃	芳香烃	酮	含 N	含 O	含 N、O
大豆秸秆	—	25.50	10.82	21.68	5.34	2.53	29.21	0.58
稻草	—	14.71	1.86	18.98	6.63	2.35	36.25	0.52
花生秸秆	7.05	26.08	0.98	26.22	5.08	1.62	27.58	—
玉米秸秆	—	9.79	—	16.90	5.94	2.92	59.67	—

—未检测到或峰面积小于 0.5％。

四种秸秆热解生物油的饱和烃含量也呈现出明显的差别，大豆秸秆和花生秸秆的热解生物油中饱和烃含量均超过 25％，主要是 C9—C20 的烷烃，相比之下，稻草和玉米秸秆热解生物油的饱和烃含量要小得多，分别为 14.71％和 9.79％。大豆秸秆热解生物油的不饱和烃含量为 10.82％，主要为 2-甲基戊烯，环辛烯等，远高于其他三种秸秆热解生物油的值（0～1.86％），这也是其 H/C 比（1.35，见表 3-2）并没有和其他三种秸秆热解生物油（1.33～1.36）拉开差距的原因。四种秸秆热解生物油中的芳香烃主要为苯和萘及其烃类衍生物，其含量在 16.91％～26.22％，其中花生秸秆热解生物油呈现出最高的芳香烃含量。酮在四种秸秆热解生物油中的含量大致相当，为 5.08％～6.63％，主要为环戊酮及其烷基衍生物，主要来自纤维素的降解、脱水和环化过程[13]。四种秸秆热解生物油中含氮化合物的含量亦大致相当，在 1.62％～2.92％，主要为吲哚及其烷基衍生物。

由于 GC×GC-TOFMS 分析可以将沸点相近的化合物根据其极性差异在二维柱上分离开来，从而能有效避免普通 GC-MS 分析中产物共流出造成多峰叠加影响谱峰识别的情况，大大提高了测试的准确度和可信度。本研究亦采用 GC×GC-TOFMS 方法，对四种秸秆热解生物油的组成进行分析。图 3-4 即为四种秸秆热解生物油的总离子流泡状图。图中不同的颜色代表不同种类的化合物。图中展示的分类中，最下一层为链烃，往上依次是环烷烃、含氧化合物、含氮化合物、酰胺，其中，含氧化合物与含一个苯环的化合物互相交叉，含氮化合物向右依次为酚类、含有一个苯环的化合物、含有两个苯环的化合物。在普通气质的测试中，这些化合物只能显示出一维图像。重叠的化合物在一维上显示为共流出峰，造成化合物的识别和谱库对比不准确，导致某些化合物含量降低。二维气质能有效避免此问题的出现，在二维柱上能实现有效分离，提高了测试的辨识度和准确性。

表 3-6 展示了四种秸秆热解生物油的二维气质统计结果，根据图 3-4 所划分的化合物种类计算所得。结果显示，含有苯环的化合物占所有化合物的 70％以上，其中酚类含量在 23％～32％，含有两个苯环的化合物较含有一个苯环的化合物多。花生秸秆热解油中的链烃和环烷烃含量较多，分别为 7.89％和 8.88％。玉米秸秆热解油中含有苯环的化合物多于另外三种热解油，含有两个苯环的化合物占 27.72％。与普通气质的统计结果相比，二维气质统计结果中的芳香烃含量更多，并且二维气质可以更加准确归类出芳香烃的类别。

表 3-6　四种秸秆热解生物油经 GC×GC-TOFMS 分析所得的分子组成（峰面积％）

分类	大豆秸秆	稻草	花生秸秆	玉米秸秆
链烃	4.63	5.87	7.89	4.29
含氧	9.76	11.22	10.08	10.42
含氮	8.71	6.06	6.86	5.18
环烷烃	6.92	4.71	8.88	3.72
酰胺	1.05	1.23	1.02	1.91
1 苯环	14.93	14.06	14.25	15.35
酚	23.97	32.77	24.71	26.24
2 苯环	24.12	21.37	22.38	27.72
3 苯环	6.82	4.12	5.25	6.43

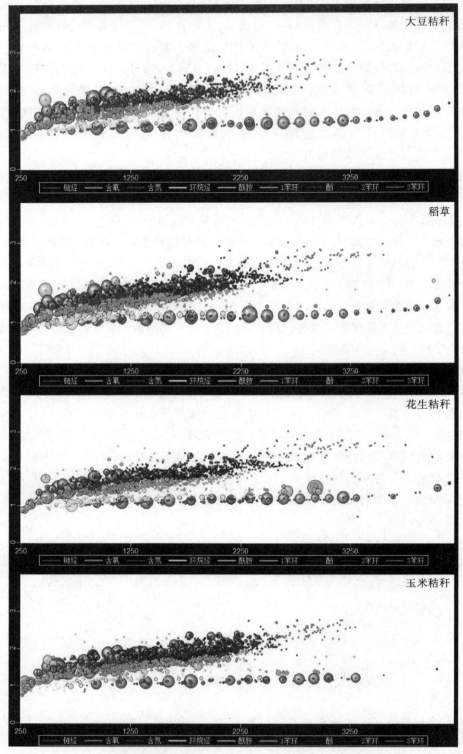

图 3-4 四种秸秆热解生物油的 GC×GC-TOFMS 的总离子流泡状图

参考文献

［1］ AQSHA A, TIJANI M M, MAHINPEY N. Catalytic pyrolysis of straw biomasses (wheat, flax, oat and barley straw) and the comparison of their product yields ［J］. Energy production and management in the 21st century, 2014, 2: 1007 - 1015.

［2］ CHEN N Y, DEGNAN T F, KOEING L R. Liquid fuel from carbohydrate ［J］. Chemtech, 1986, 16: 506 - 511.

［3］ VISPUTE T P, ZHANG H, SANNA A, et al. Renewable chemical commodity feedstocks from integrated catalytic processing of pyrolysis oils ［J］. Science, 2010, 330: 1222 - 1227.

［4］ JIANG Z, HE T, LI J, et al. Selective conversion of lignin in corncob residue to monophenols with high yield and selectivity ［J］. Green chemistry. 2014, 16: 4257 - 4265.

［5］ PARK J, LEE Y, RYU C, et al. Slow pyrolysis of rice straw: Analysis of products properties, carbon and energy yields ［J］. Bioresource technology, 2014, 155: 63 - 70.

［6］ ZHANG H, XIAO R, WANG D. Biomass fast pyrolysis in a fluidized bed reactor under N_2, CO_2, CO, CH_4 and H_2 atmosphere ［J］. Bioresource technology, 2011, 102: 4258 - 4264.

［7］ RESENDE F L P. Recent advances on fast hydropyrolysis of biomass ［J］. Catalysis today, 2016, 269: 148 - 155.

［8］ BALAGURUMURTHY B, OZA T, BHASKAR T, et al. Renewable hydrocarbons through biomass hydropyrolysis process: challenges and opportunities ［J］. Journal of material cycles and waste management, 2013, 15: 9 - 15.

［9］ BALAGURUMURTHY B, BHASKAR T. Hydropyrolysis of lignocellulosic biomass: state of the art review ［J］. Biomass conversion and biorefinery, 2013, 4: 67 - 75.

［10］ 刘荣厚. 生物质热化学转换技术［M］. 北京: 化学工业出版社, 2005.

［11］ ZHU Z, TOOR S S, RPSENDAHL L, et al. Influence of alkali catalyst on product yield and properties via hydrothermal liquefaction of barley straw ［J］. Energy, 2015, 80: 284 - 292.

［12］ YU J, PATERSON N, BLAMEY J, et al. Cellulose, xylan and lignin interactions during pyrolysis of lignocellulosic biomass［J］. Fuel, 2017, 191: 140 - 149.

［13］ ZHOU D, ZHANG L, ZHANG S, et al. Hydrothermal liquefaction of macroalgae enteromorpha prolifera to bio - oil ［J］. Energy & Fuel, 2010, 24: 4054 - 4061.

第4章 秸秆与废机油共加氢热解

近年来，生物质在高有效氢（H/C$_{eff}$）值介质中加氢热解技术日益受到关注[1]。通过共同加氢热解，有望同时实现生物质裂解和热解油原位改质，提高生物质转化为生物燃料的生产效率和经济效益。共同加氢热解时，氢气可以作为生物质热解和热解油在线改质的氢源。而高 H/C$_{eff}$值溶剂不仅可以作为供氢剂抑制焦炭的生成，降低热解油的 O 含量和黏度，同时还可以作为热解油在线改质的介质，稀释生物质热解油，降低其 N、S 浓度，减小催化剂中毒的可能性。有研究表明，当使用甲苯，四氢萘和乙醇作为共热解原料时能够有效提高秸秆的热解效率[2-3]。但上述溶剂的使用必然会造成大量的溶剂消耗，极大增加工艺成本，并不适合大规模推广应用。同时反应后溶剂的分离回收也会明显增大工艺操作难度。因此，寻找到一种来源丰富、价格低廉、并且无需从热解油中分离的高 H/C$_{eff}$值介质具有重要意义。

废机油通常被认为是一种具有严重危害性的液体废弃物，处置不当极易引发严重的环境污染。据估计，仅中国每年就生产约 3000 万 t 废机油[4]。而废机油主要是由脂肪族烃、烯烃和芳烃混合而成的，其中脂肪族烃占混合物的 99%[5]。废机油的 H/C$_{eff}$值达到了 1.76，十分适合于作为秸秆共同加氢热解的介质。且废机油无需从作物秸秆加氢热解所得的生物油中分离出来，同时还能起到稀释杂原子含量和改质的效果。此外，废机油当中所含的清净剂和分散剂也有能减少热解过程中结焦现象的发生[6]。综上所述，废机油是一种理想优质的生物质共加氢热解高 H/C$_{eff}$值介质。此前，废机油与藻类的共加氢热解研究也证实了这种共同热解工艺对提高热解油的产率和品质存在明显的协同作用[7]。

基于此背景，本章以大豆秸秆、水稻秸秆、小麦秸秆、玉米秸秆、花生秸秆为典型低 H/C$_{eff}$值生物质，开展其与废机油的共同加氢热解的研究，并从原料预处理和参数调控着手，摸索出最优处理工艺和反应参数，并在此条件下探究原料组成对其加氢热解产物分布以及热解油性质的影响。

4.1 实验材料

实验选取的大豆秸秆（Soybean Straw，SS），水稻秸秆（Rich Straw，RS），小麦秸

秆（Wheat Straw，WS），玉米秸秆（Maize Straw，MS）和花生秸秆（Peanut Straw，PS）均由线上渠道购入，实验所用均为同一批次。废机油（Used Engine Oil，UEO）在河南省焦作市的一家汽车维修站统一购买。五种秸秆和废机油的工业分析和元素分析结果如表 4-1 所示。Pt/C(10 wt.％)催化剂从郑州阿尔法化工有限公司购入。萃取剂二氯甲烷（纯度 > 99.8％）和高纯度氢气（纯度 > 99.999％）也由经销商统一购入。去离子水为实验室自制。

表 4-1　作物秸秆与废机油的工业分析和元素分析　　　　　　单位：wt.％

类型	大豆秸秆	水稻秸秆	小麦秸秆	玉米秸秆	花生秸秆	废机油
挥发分	68.14	65.86	67.18	68.81	68.49	99.48
固定碳	25.76	24.30	23.57	26.26	20.37	0.01
灰分	6.10	9.84	9.25	4.92	11.14	0.52
水分	5.04	5.10	5.06	5.38	6.63	1.38
挥发分（洗）	74.84	74.36	74.73	77.85	77.75	—
固定碳（洗）	16.55	15.24	15.35	15.75	17.39	—
灰分（洗）	8.61	10.40	9.91	6.40	4.86	—
纤维素	42.39	46.33	35.71	30.81	36.56	—
半纤维素	22.05	31.09	28.57	25.52	20.27	—
木质素	18.93	10.17	15.40	16.76	18.36	—
C	42.34	36.05	34.55	45.88	40.34	84.25
H	5.61	4.60	4.32	6.07	5.48	12.51
O	33.60	32.11	31.31	33.41	39.86	1.44
N	1.56	1.11	1.16	1.96	2.00	0.29
S	0.05	0.14	0.28	0.20	0.22	1355 mg/L
H/C_{eff}	0.40	0.20	0.14	0.50	0.15	1.76
HHV	16.33	13.04	12.28	18.23	14.37	46.08
Na	0.09	0.07	0.02	0.04	0.06	—
Mg	0.50	0.08	0.05	0.17	1.24	—
Al	0.24	0.04	0.04	0.05	0.30	—
Si	0.82	0.89	0.86	1.34	0.90	—
P	0.18	0.05	0.02	0.12	0.25	—
Cl	0.15	0.31	0.24	0.98	1.57	—
K	3.34	0.81	0.45	2.37	2.03	—
Ca	1.58	0.15	0.11	0.50	3.54	—
Mn	0.02	0.03	—	—	0.12	—
Fe	0.16	0.01	—	—	0.27	—

4.2 实验流程

4.2.1 原料与催化剂预处理

1. 秸秆的水洗、研磨处理

先使用粉碎机将秸秆原料粉碎，筛取 100 目秸秆粉末。再以 30 mL：1 g 的液固比将去离子水和秸秆粉末混合置于 500 mL 烧杯，在加热式磁力搅拌器上将加热温度设为 30 ℃，搅拌 1 h 后恒温静止 1 h。过滤掉液相部分，将固相均匀摊平于滤纸上，用鼓风干燥箱 105 ℃下干燥 12 h。最后进行粉碎，过 100 目筛网。将过滤残余的秸秆粉末记为大于 100 目实验组，并设置未进行水洗的 100 目秸秆粉末为水洗空白组。

2. 催化剂干燥处理

分别对催化剂进行真空干燥和真空冷冻干燥。将催化剂样品均匀地涂抹在培养皿中，约 1 mm 厚。真空干燥温度设定为 80 ℃，持续干燥 12 h。真空冷冻干燥温度为零下 15 ℃，持续干燥 12 h。

4.2.2 秸秆与废机油共加氢热解

1. 不同原料和催化剂预处理方法下的秸秆与废机油共加氢热解

本章采用了高温高压间歇式反应釜（100 mL）进行，并通过定制的电感式加热装置进行升温，最后使用过滤离心管收集热解产物。热解温度设定 400 ℃，初始氢气压力值设定为 6.0 MPa。依次将 6.0 g 小麦秸秆粉末、6.0 g 废机油和 1.0 g Pt/C（10 wt.%）催化剂添加到反应釜，并密封。然后用 0.11 MPa 的 He 进行内部气体置换，持续扫气 15 min。由于良好的稳定性，氦气不但可以构造无氧氛围，同时还可以作为内标气，可用于后续热解气体组分分析。最后，向反应釜内部充入 6.0 MPa 高纯度氢气。准备完毕后，将反应釜放入加热装置，将热电偶插入反应釜盖上的热电偶孔，实时监控温度的变化。将温度控制器调节至 400 ℃，待温控仪度数稳定于 400 ℃，再保持 2 h。待反应结束，关闭加热，将反应釜取出，放入冷水浴，并使用水流持续冲刷反应釜盖。约 15 min 后，反应釜冷却至室温。随后将反应釜取出，使用吹风机彻底吹干。

缓慢拧开阀门，将热解气排尽后，打开反应釜盖，将反应器内的所有产物（除气体外）完全转移到过滤离心管中，放入离心机，然后以 8000 r/min 的转速离心 15 min。同时，用大约 30 mL 的二氯甲烷萃取剂冲洗反应釜的内壁和顶盖，然后将萃取物转移到 250 mL 烧杯中。离心后，可以清楚地观察到在过滤离心管中存在油相、水相和固体残渣三种产物。使用 1 mL 一次性吸管分离离心管底部的水相和离心油（Centrifugal Oil，C - oil），将两种产物分别保存在 10 mL 玻璃试剂瓶中，并分别称重。最后，用二氯甲烷（约 35 mL）冲洗离心管中的固体残留物，并将提取物转移到之前的 250 mL 烧杯中。再用预先称重的滤纸和布氏漏斗过滤所有提取物。将滤纸上收集的固体残留物在烘箱（105 ℃，4 h）中干燥并称重，固体产物的重量需要减去滤纸和添加催化剂质量（1.0 g）。在预先称重的圆底烧瓶中加入过滤后的萃取溶液（约 80 mL），使用旋转蒸发器将水浴锅加热至 35 ℃进行蒸发，约 10 min 后，烧瓶内部真空度达到 0.095 MPa。蒸发后，烧瓶中残留的棕色液体标记为萃取油（Extract oil，E - oil）。每种产品的回收率是用其产物重量除以初始加入的固体热解原料的总重量（12.0 g）得到的。

2. 秸秆与废机油共加氢热解的参数优化

选取小麦秸秆，原料均为水洗并研磨后过 100 目筛的粉末。Pt/C 催化剂使用真空冷冻干燥处理。反应釜加热和产物处理操作步骤与"1."相同。只是初始氢气压力（0 MPa、2.0 MPa、4.0 MPa、6.0 MPa、8.0 MPa）、催化剂添加量（0 g、0.4 g、0.8 g、1.0 g、1.2 g、1.6 g、2.0 g、2.4 g）、反应保留时间（0 h、0.5 h、1.0 h、2.0 h、4.0 h）、离心过滤转速（6000 r/min、8000 r/min、9300 r/min）和离心时间（10 min、15 min、20 min）可变，以讨论其对热解油产率和品质的影响。

3. 秸秆组成对其与废机油共加氢热解的影响研究

根据原料与催化剂预处理和热解过程与产物处理参数优化的结果，在 400 ℃、6.0 MPa H_2 氛围下，采用真空冷冻干燥处理过的 Pt/C（10 wt. %）作为催化剂，分别以大豆秸秆、水稻秸秆、小麦秸秆、玉米秸秆和花生秸秆为原料，将其粉碎到 100 目并水洗后的粉末和废机油共同加氢热解，以考察秸秆生物化学组成对产物分布和热解油品质的影响，并探究废机油与秸秆原料在共同热解过程的协同效应。反应在定制的高温高压耐腐蚀间歇式反应釜（53 mL）中进行反应，通过质量比为 5∶4 的硝酸钾和硝酸钠混合熔融盐浴加热。

首先，分别依次将 3.0 g 秸秆粉末或 3.0 g 废机油和 0.3 g Pt/C（10 wt. %）添加到反应釜中进行单独加氢热解。而在秸秆与废机油共同加氢热解时，依次将 3.0 g 秸秆粉末、3.0 g 废机油和 0.6 g 的 Pt/C（10 wt. %）催化剂添加到反应釜。反应釜加热与产物处理流程与"1."相同，只是每次实验需要 500 mL 的铝制集气袋收集部分气体产物，以便随后进行气相分析。离心过滤转速和离心时间分别为 8000 r/min 和 15 min。需要注意的是，对于单独热解而言，获得的只有萃取油，而共同热解时则有离心油和萃取油两种。

4.2.3　产物性质表征与分析

气体产物组分通过使用配备有热导检测器的 GC - 7900 型气相色谱仪分析。气相产物通过一根填充 Carboxen 1000(60×80 目)的不锈钢色谱柱进行分离。使用氩气作为载气，流速为 15 mL/min；初始柱温为 60 ℃，恒温持续 10 min，然后以 5 ℃/min 速率升高至 90 ℃，再恒温维持 60 min；进样温度为 80 ℃；检测器的温度和灯丝电流分别为 120 ℃和 70 mA，柱压为 0.18 MPa。五瓶不同成分的标准混合气购自常州京华工业气体有限公司。通过分析标准气体的组分表和测试结果，生成校准曲线，进而计算未知气体产品中各气体组分的摩尔分数。氦气作为内标，用以分析不同实验组间其他组成的异同。

生物油的有机元素分析采用 Flash 2000(Thermo Fisher Scientific，USA)元素分析仪进行。生物油中的硫含量是通过 TS-3000 紫外荧光测硫仪测得。生物油的气质分析采用美国 LECO 公司生产的 GC×GC-TOFMS 进行分析，条件同第 2 章(见表 2-1)。生物油的热重分析利用美国 TA 仪器公司生产的 SDT Q600 同步热分析仪进行，其参数和流程同第 2 章。

4.3　原料与催化剂预处理对加氢热解产物的影响

图 4-1 列出了不同原料和催化剂预处理方式下小麦秸秆和废机油加氢热解后离心油，萃取油，水相和固体残渣的产率。可以明显看到无催化剂实验组的四项产物总和要大于其他实验组，这主要归功于它较高的离心油产率和固体残渣，其水相产率只有 7.75 wt.%，低于其他实验组(9.83～13.38 wt.%)，而生物质热解产物中的水相除原料中所含的水分外，主要由含氧官能团加氢脱氧产生，尤其是半纤维素的裂解反应。

对比图 4-1 的第 1、第 3 实验组可以明显看出，水洗处理后无论是离心油，还是萃取油的产率都出现了明显提升。总热解油产率从 28.53 wt.%直接提高到了 35.26 wt.%。虽然固体残渣回收率也有所下降，但幅度明显小于热解油的变化。这表明简单的水洗处理虽不能完全去除秸秆原料中的无机盐，但是对易导致催化剂失活的碱金属离子有明显脱除，促使更多的纤维素和半纤维素发生裂解，进而产生了更多液相产物[8]。

对比图 4-1 的第 2、第 3 实验组可以看出，经进一步粉碎后小麦秸秆热解离心油产率从 16.14 wt.%显著提高到了 21.87 wt.%。但萃取油和固体残渣的回收率基本无明显变化，而粉碎前粒度较大的小麦秸秆热解时产生更多的水相产物(12.00 wt.%)。有研究指出，生物质加氢热解过程中的水相主要来自原料中的结合水和加氢脱氧反应生成的水，还有一部分源于纤维素和半纤维素裂解产生的水溶性物质[9]。后续实验结果表明离心油中含有更多的轻质组分。在原料中，纤维素由半纤维素连接，形成致密的高分子结构。通过研磨可以破坏秸秆中致密结构，同时还可以提高反应接触面积，提高反应速率和反应进度，进而获得更多的轻质组分。

图 4-1 的第 3、第 5 实验组分别对应着使用真空冷冻干燥和真空干燥 Pt/C 催化剂的热解结果，第 4 实验组为无催化剂空白对照组。相较于真空干燥，使用真空冷冻干

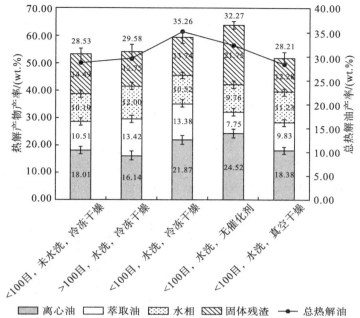

图 4-1　秸秆粉碎、水洗及催化剂干燥方式对热解产率的影响

燥的催化剂进行热解的产物中的离心油和萃取油产率都明显提高，分别从 18.38 wt.%
和 9.83 wt.% 提高到了 21.87 wt.% 和 13.38 wt.%。固体残渣也从 12.28 wt.% 提高到
了 13.74 wt.%。而无催化剂组的固体残渣含量（21.75 wt.%）要远高于其他实验组，
这说明添加 Pt/C 催化剂后，能够有效缓解热解过程中的结焦现象。与此同时，空白对
照组的离心油含量要明显高于其他实验组（24.52 wt.%），而萃取油却明显小于其他实
验组（7.75 wt.%），但是总量与真空冷冻干燥组十分接近。

　　表 4-2 为不同原料和催化剂预处理条件下所得热解油（离心油和萃取油）的元素组
成。从中可以看出，共同热解的热解油产物包括离心油（C-oil）和萃取油（E-oil）两部
分。对比水洗前后热解油元素组成可以看出，水洗后的秸秆热解油中的氧含量明显提
高，离心油和萃取油的氧含量分别从 0.99 wt.%、1.31 wt.% 提高到 2.37 wt.%、
2.57 wt.%。氢元素从 13.44 wt.%、12.58 wt.% 降至 11.46 wt.%、10.59 wt.%，导
致其 H/C_{eff} 值和热值均明显下降。结合产率考虑，说明水洗处理能够促进更多富氧有
机质的裂解，这些物质溶解到热解油中降低了产物的饱和度，并提高了氧元素浓度。
此外，未水洗秸秆热解油的 H/C_{eff} 值达到 1.88，热值为 48.61 MJ/kg，远高于其原料。
这表明与废机油的共同热解能够有效地改善秸秆原料低 H/C_{eff} 值的缺陷。粉碎前后的
热解油间的差异与水洗前后的基本一致。究其原因，通过粉碎，秸秆原料中纤维素、
半纤维素和木质素间的致密结构被破坏，更多的原料参与到裂解反应当中，进而导致
热解油饱和度的下降和氧元素含量的提高。

表 4 - 2 不同原料和催化剂预处理条件下所得热解油的元素组成

含量(wt. %)	C	H	N	S	O	H/C_{eff}	热值(MJ·kg^{-1})
C -(< 100 目，未水洗，冷冻干燥)	85.43	13.44	0.09	0.00	0.99	1.88	48.61
E -(< 100 目，未水洗，冷冻干燥)	85.47	12.58	0.17	0.00	1.31	1.75	47.28
C -(> 100 目，水洗，冷冻干燥)	85.91	12.98	0.13	0.00	0.96	1.80	48.10
E -(> 100 目，水洗，冷冻干燥)	85.20	12.64	0.09	0.00	1.44	1.77	47.26
C -(< 100 目，水洗，冷冻干燥)	85.84	11.46	0.11	0.00	2.37	1.58	45.56
E -(< 100 目，水洗，冷冻干燥)	86.56	10.59	0.18	0.00	2.57	1.45	44.48
C -(< 100 目，水洗，无催化剂)	85.24	10.30	0.26	0.00	3.65	1.42	43.40
E -(< 100 目，水洗，无催化剂)	84.71	10.06	0.41	0.19	4.00	1.39	42.82
C -(< 100 目，水洗，真空干燥)	85.27	12.08	0.12	0.00	2.52	1.68	46.25
E -(< 100 目，水洗，真空干燥)	85.23	11.72	0.18	0.00	2.84	1.63	45.66

通过考察催化剂对热解油组分的影响可以看出，无催化剂空白组的热解油品质要明显劣于其他两组添加 Pt/C 催化剂的实验组，O 含量(3.65~4.00 wt. %)和 N 含量(0.26~0.41 wt. %)也明显高于后者的值(分别为 2.37~2.84 wt. % 和 0.26~0.41 wt. %)，H/C_{eff} 值和热值也都明显偏低。这充分证明 Pt/C 催化剂的加入可以有效降低产物中的 N、S、O 杂原子含量，提高 H/C_{eff} 值和高热值。对比真空干燥和真空冷冻干燥催化剂的实验组，可以看到冷冻干燥后的实验组热解油相较于真空干燥的碳元素含量有略微提高，而氢氧两种元素则略有下降，这也就导致真空冷冻干燥组热解油的 H/C_{eff} 值和热值要略低于真空干燥组。

4.4 反应参数对加氢热解产物的影响

在本节主要讨论不同初始氢气压力、催化剂添加量、保留时间、离心转速和时间对小麦秸秆与废机油共加氢热解产物的影响。

4.4.1 初始氢气压力对加氢热解产物的影响

图 4 - 2 列出了不同初始氢气压力下小麦秸秆与废机油共加氢热解的产物分布。初始氢气压力分别为 0 MPa、1.0 MPa、2.0 MPa、4.0 MPa、6.0 MPa、8.0 MPa，使用真空冷冻干燥的 Pt/C 催化剂 1.2 g，反应保留时间为 2.0 h，离心速率和时间分别为 8000 r/min 和 15 min。从图中可以明显看到总热解油的产率会随着初始氢气压力的增

加而逐渐提高，从 14.31 wt.％提高到了 35.26 wt.％。这是因为随着初始氢气压力的增加，氢气分子数也会随之增加，在热解过程中产生更多的氢自由基，自由基与生物质原料的挥发分和固态物质发生加氢反应，产生更多的热解油，且有效抑制积碳产生。因此固体残渣产率随着氢气压力增加而不断降低。未加入氢气时，热解油水分含量仅有 1.10 wt.％，这也表明秸秆与废机油共热解所产生的水分大部分都是由加氢反应所产生的。而当初始氢气压力达到 4.0 MPa 以上后，水分含量不再显著增加，8.0 MPa 时热解油水分降至 10.52 wt.％。这表明当初始氢气压力过高时，会对加氢脱氧反应具有一定的抑制作用。考虑过高压力所带来的成本和安全问题以及实际实验过程中反应釜压力的变化，6 MPa 和 8 MPa 可以作为较为理想的压力参数。

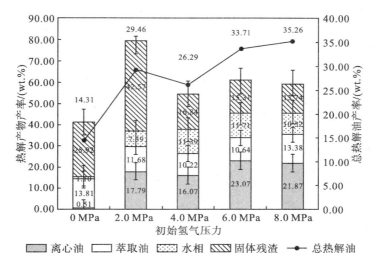

图 4-2　不同初始氢气压力下小麦秸秆与废机油共加氢热解的产物分布

表 4-3 给出不同初始氢气压力条件下热解油的元素组成。从中可以明显看出，未添加氢气时（0 MPa）所得热解油（离心油和萃取油）的 H/C_{eff} 值（1.26、1.29）和热值（42.07 MJ/kg、43.05 MJ/kg）要明显低于加入氢气时的值（1.49～1.84 MJ/kg，44.48～48.33 MJ/kg）。且其氢元素含量明显偏低，而 N、S 杂原子的含量则要明显高于后者。这说明氢气的加入能够显著改善热解油的品质，提升 N、S 杂原子的脱除效率，尤其是 S 元素。实验组中以 6.0 MPa H_2 实验组热解油品质最佳，脱氧效率最高，氢元素含量也最高，达到 13.21 wt.％，热值达到 48.33 MJ/kg。而对于 8.0 MPa H_2 实验组，氧元素的含量不降反增，导致 H/C_{eff} 值和热值的下降。结合产率分析，初始氢气压力达到 6.0 MPa 以后，继续加压抑制加氢反应的进行，导致部分富氧有机质加氢脱氧效果减弱，进而导致了氧含量的升高。N 元素含量与初始氢气压力成明显反比关系。越高的初始氢气压力，热解产物中的 N 元素含量越低，这表明高压环境有利于脱硝反应的进行。综合热解油产率和元素组成来看，6.0 MPa 的初始氢气压力是一个较为合适的选择。

表 4 - 3　不同初始氢气压力下热解油的元素组成

含量/(wt. %)	C	H	N	S	O	H/C$_{eff}$	热值/(MJ·kg^{-1})
C-(0 MPa H$_2$)	87.52	9.31	0.62	0.36	1.95	1.26	43.05
E-(0 MPa H$_2$)	85.03	9.28	0.59	0.25	2.38	1.29	42.07
C-(2 MPa H$_2$)	85.81	12.39	0.27	0.00	1.45	1.72	47.09
E-(2 MPa H$_2$)	85.66	10.82	0.63	0.00	2.74	1.49	44.48
C-(4 MPa H$_2$)	85.82	12.89	0.24	0.00	1.05	1.79	47.91
E-(4 MPa H$_2$)	83.97	11.19	0.35	0.00	1.76	1.58	44.63
C-(6 MPa H$_2$)	85.66	13.21	0.11	0.00	1.03	1.84	48.33
E-(6 MPa H$_2$)	84.90	11.77	0.24	0.00	1.54	1.65	45.86
C-(8 MPa H$_2$)	85.27	12.08	0.12	0.00	2.52	1.68	46.25

4.4.2　催化剂添加量对加氢热解产物的影响

图 4 - 3 列出了不同催化剂添加量下小麦秸秆与废机油共加氢热解的产物分布。所使用真空冷冻干燥 Pt/C(10 wt. %)催化剂量分别为 0 g、0.4 g、0.8 g、1.0 g、1.2 g、1.6 g、2.0 g 和 2.4 g。初始氢气压力为 6.0 MPa，反应保留时间为 2.0 h，离心速率和时间分别为 8000 r/min 和 15 min。

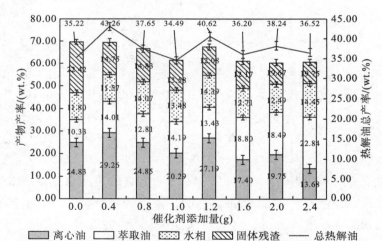

图 4 - 3　不同催化剂添加量下小麦秸秆与废机油共加氢热解的产物分布

如图 4 - 3 所示，随着催化剂添加量的增加，热解油总产率呈波动性变化，其中催化剂量为 0.4 g 和 1.2 g 时有两处峰值，分别为 46.26 wt. % 和 40.62 wt. %。而固体残渣产率逐渐下降，这说明催化剂的添加能够有效降低生物质热解过程中的结焦现象。同时，萃取油产率总体上与催化剂添加量呈正相关变化，这说明催化剂能够将生物质中原本应该成焦的组分进一步裂解，转化为液相产物。或许是 Pt/C 催化剂能够促进离心油中的轻质部分进一步分解，产生更多的气态产物。因此，催化剂添加量为 1.6 g、2.0 g 和 2.4 g 时，热解油、水相和固体残渣的质量和下降。催化剂添加量为 1.2 g 时的水相产率达到了 14.39 wt.%，显著高于其他添加量（除 2.4 g），表明在此催化剂添加量的加氢反应进度要高于其他的值。

表 4-3 给出了不同催化剂添加量下的热解油的元素组成。在无催化条件下，所得热解油（离心油和萃取油）的 H/C_{eff} 值和热值与催化条件下的热解油的值并无明显差异，但 O 和 S 含量要明显偏高。这表明 Pt/C 催化剂的加入能够增强热解油的脱硫和脱氧效率。综合来看催化剂添加量为 1.2 g 和 1.6 g 的实验组效果最佳，H/C_{eff} 值最高达到了 1.92，热值最高达到了 49.16 MJ/kg。同样的催化剂添加量下，离心油中的碳和氢元素含量要明显高于萃取油，而氧含量则低于萃取油。因而离心油的 H/C_{eff} 值和高热值要明显高于萃取油。综合产率与元素组成，1.2 g 的催化剂添加量能够在保证热解油产率的同时获得较高的热解油品质。

表 4-3　不同催化剂添加量下热解油的元素组成

产率/(wt.%)	C	H	N	S	O	H/C_{eff}	热值/(MJ·kg⁻¹)
C-(0.0 g)	84.64	12.46	0.22	0.00	1.38	1.75	46.82
E-(0.0 g)	80.56	11.39	0.37	0.07	2.58	1.67	43.64
C-(0.4 g)	84.66	13.27	0.12	0.00	0.75	1.87	48.15
E-(0.4 g)	81.94	11.67	0.35	0.00	1.70	1.69	44.67
C-(0.8 g)	84.34	13.11	0.13	0.00	0.30	1.86	47.87
E-(0.8 g)	82.28	11.52	0.27	0.00	0.95	1.67	44.71
C-(1.0 g)	84.80	12.93	0.10	0.00	0.20	1.83	47.78
E-(1.0 g)	84.05	11.22	0.20	0.00	0.62	1.60	44.92
C-(1.2 g)	85.94	13.58	0.14	0.00	0.07	1.90	49.16
E-(1.2 g)	84.96	12.35	0.17	0.00	0.50	1.74	46.92
C-(1.6 g)	85.12	13.61	0.24	0.00	0.04	1.92	48.94
E-(1.6 g)	84.84	12.30	0.17	0.00	0.29	1.74	46.85
C-(2.0 g)	85.13	13.61	0.31	0.00	0.16	1.92	48.91
E-(2.0 g)	81.14	11.57	0.15	0.00	0.64	1.71	44.46
C-(2.4 g)	86.11	13.62	0.14	0.00	0.07	1.90	49.28
E-(2.4 g)	83.79	12.27	0.14	0.00	0.44	1.75	46.42

4.4.3　保留时间对加氢热解产物的影响

图 4-4 列出了不同保留时间下小麦秸秆与废机油共加氢热解的产物分布。反应保留时间分别为 0 h、0.5 h、1.0 h、2.0 h 和 4.0 h。催化剂用量为 1.2 g。初始氢气压力为 6.0 MPa。离心转速和时间分别为 8000 r/min 和 15 min。反应保留时间为 0 指的是反应釜升温达到预设温度时停止反应。从图中可以看出，当反应保留时间为 0 h 时，热解油总回收率要明显高于其他实验组，达到 53.49 wt.%，而其他保留时间下的热解油总回收率在 30.37～35.74 wt.% 波动。然而固体残渣却随着保留时间的增加略微增高，说明较长的反应保留时间导致热解油组分发生聚合反应，导致热解油产率的降低和积碳的增加。而水相产率则随着反应保留时间的增长而减少，有可能是反应前期所生成的水分子，在后期又重新参与到了热解反应当中，导致水相产率的波动。同时也可能是由于反应中产生的水溶性有机物发生了分解，从而导致水相回收率的下降。

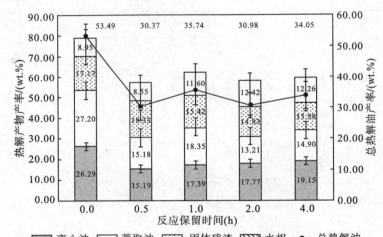

图 4-4　不同催化剂添加量下小麦秸秆与废机油共加氢热解的产物分布

表 4-4 给出了不同保留时间下所得热解油的元素组成。从表中可以看出，在反应保留时间为 0 h 时所得热解油的 H/C_{eff} 和热值都不低于其他反应保留时间的值。但是其 N、S、O 三种杂原子含量却明显高于后者，这说明此时加氢脱氧、加氢脱氮和加氢脱硫反应进行的并不彻底，这样会导致热解油的酸值提高和稳定性下降，不利于其保存和推广应用。由于五个反应保留时间下的热解油热值无明显差异，那么考虑到 N、S、O 三种杂原子含量，当反应保留时间为 2.0 h 时热解油的 N 含量（0.08～0.10）和 O 含量（1.01～1.47）均低于其他实验组，故在后续实验中，反应保留时间应不少于 2.0 h。

表 4 - 4　不同保留时间下热解油的元素组成

产率/(wt. %)	C	H	N	S	O	H/C$_{eff}$	热值/(MJ·kg^{-1})
C -(0.0 h)	85.11	13.00	0.18	0.08	1.57	1.82	47.75
E -(0.0 h)	83.84	12.78	0.23	0.00	2.67	1.81	46.79
C -(0.5 h)	85.60	12.86	0.16	0.00	1.29	1.79	47.76
E -(0.5 h)	83.22	11.02	0.29	0.00	2.17	1.57	44.06
C -(1.0 h)	85.68	12.98	0.06	0.00	1.06	1.81	48.00
E -(1.0 h)	86.33	11.77	0.16	0.00	1.20	1.63	46.41
C -(2.0 h)	85.39	12.94	0.08	0.00	1.01	1.81	47.85
E -(2.0 h)	86.46	11.83	0.10	0.00	1.47	1.63	46.49
C -(4.0 h)	85.38	12.42	0.05	0.00	1.23	1.73	47.04
E -(4.0 h)	86.86	11.28	0.12	0.00	1.27	1.55	45.85

虽然极短的反应保留时间有助于获得更高的热解油产率，但不利于热解油中 N、S、O 杂原子的脱除，极大地限制了热解油的进一步利用。因此需要根据后续的实验需求进一步优化选择最优保留时间。

4.4.4　离心时间和转速对加氢热解产物的影响

图 4 - 5 列出了不同离心时间和转速下小麦秸秆与废机油共加氢热解的产物分布。离心机转速和时间组合为 6 组(见图 4 - 5)。初始氢气压力为 6.0 MPa，反应保留时间为 2.0 h，催化剂添加量为 1.2 g。

如图 4 - 5 所示，在离心转速保持 8000 r/min 时，分别采用 10 min、15 min、20 min 的离心时间，结果表明保留时间为 20 min 时的热解油总回收率最高，可以达到 40.48 wt.%。但该实验组的水相回收率较低，这有可能是由于离心机长时间运转，温度升高，导致水分子蒸汽压提高，部分水分子混入到离心油当中。不同离心时间下萃取油回收率基本一致，均在 15.11～17.29 wt.%波动。而在保持离心时间为 15 min，离心机转速分别设定为 6000 r/min、8000 r/min 和 9300 r/min 时，可以看出，当转速为 9300 r/min 时的热解油产率最高，达到 38.40 wt.%，尤其是离心油明显高于其他实验组，这表明采用高速离心可以获得更高的离心油产率。同时还可以看出萃取油的变化十分轻微，这说明热解油总产率的提升主要是因为离心油产率的显著提升。因此采用较高的转速和较长的离心时间有利于获得更高的热解油产率。

表 4 - 5 给出了不同离心时间和转速下所得热解油的元素组成。从中可以看出，当转速稳定为 8000 r/min 时，随着离心时间的增加，离心油和萃取油的热值均呈下降趋势。而当离心时间固定为 15 min 时，随着转速的提高，萃取油的热值不断下降，氧元

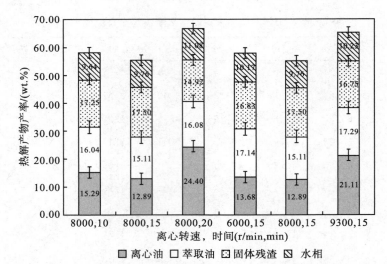

图 4-5　不同离心时间和转速下小麦秸秆与废机油共加氢热解的产物分布

素含量缓慢升高。但整体看来，离心参数对于热解油的元素组成和热值并没有太大影响。

表 4-5　不同离心时间和转速的热解油元素组成

含量/(wt. %)	C	H	N	S	O	H/C$_{eff}$	热值/(MJ·kg^{-1})
C-(8000, 10)	85.87	13.03	0.02	0.00	1.07	1.81	48.14
E-(8000, 10)	84.78	11.34	0.04	0.00	1.20	1.60	45.25
C-(8000, 15)	85.06	12.70	0.05	0.00	1.29	1.78	47.33
E-(8000, 15)	85.57	11.14	0.03	0.00	1.15	1.55	45.22
C-(8000, 20)	84.12	12.76	0.00	0.00	1.20	1.81	47.12
E-(8000, 20)	83.69	11.08	0.13	0.00	1.41	1.58	44.44
C-(6000, 15)	85.44	12.67	0.00	0.00	1.10	1.77	47.45
E-(6000, 15)	85.09	11.42	0.05	0.00	1.12	1.60	45.48
C-(9300, 15)	85.64	13.02	0.00	0.00	1.10	1.82	48.04
E-(9300, 15)	83.53	11.11	0.03	0.00	2.76	1.57	44.19

　　整体看来，随着离心转速和时长的增加，离心油的回收率不断提高，而萃取油产率基本无显著变化。同时，不同实验组间的元素组成也无明显差异。因此，应当在适当范围内，选取尽可能高的离心机转速和更长的离心时间。

4.5　原料生化组成对加氢热解产物的影响

在前两节对原料预处理工艺和热解参数优化研究的基础上，选取大豆秸秆(SS)、水稻秸秆(RS)、小麦秸秆(WS)、玉米秸秆(MS)和花生秸秆(PS)，开展其与废机油(UEO)共催化加氢热解的研究，以探究原料的生化组成对热解产物分布和热解油性质的影响，并对热解油的元素组成、分子组成及馏程等性质进行详细表征，以探究废机油与秸秆原料在共同热解过程的协同效应。

4.5.1　热解产物分布

图 4-6 列出了五种秸秆与废机油的共催化加氢热解和其单独加氢热解的产物分布。图 4-6 还列举了五种秸秆单独热解与废机油单独热解所得生物油产率的计算平均值(Ave)，即秸秆与废机油单独热解所得生物油产率之和的一半，用以评估秸秆与废机油之间在共加氢热解过程中存在的协同作用。

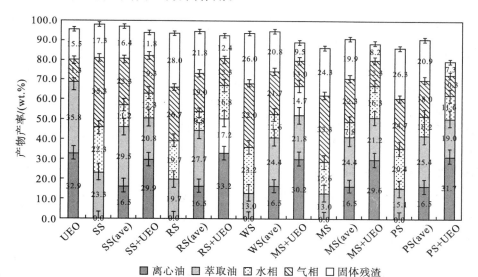

图 4-6　不同秸秆与废机油的共催化加氢热解和其单独加氢热解的产物分布

从图中可以看出，秸秆和废机油单独加氢热解各产物产率之和为 86.5～98.2 wt.%。主要的质量损失可归因于萃取过程中轻质组分伴随萃取剂分离的挥发。对于共同热解过程，各产物产率之和质量在 79.9～94.1 wt.%变化。这个值小于相应的平均值(88.6～96.9 wt.%)，这意味着秸秆与废机油的共同热解所生产的轻质组分要多于它们单独加氢热解所产生的轻质组分，而这些轻质组分很可能在萃取剂旋蒸的过程中挥发而造成损失，在以前的研究中也观察到过类似的结果[6]。

秸秆单独加氢热解所获得的热解油产率在 13.0 wt.%～23.3 wt.% 变化。在秸秆水热液化的早期研究中，曾发现纤维素含量和纤维素与半纤维素质量比（$w_{cellulose}$/$w_{hemicellulose}$）较高的农作物秸秆通常可以获得较高的热解油产率[4]。在本研究中，尽管转化方式不同，也同样可以观察到类似的现象。五种秸秆中，大豆秸秆油产率最高（23.3 wt.%），这很可能与其较高的纤维素含量（42.39 wt.%）有关，尤其是其具有最高的 $w_{cellulose}$/$w_{hemicellulose}$ 值（1.92）。而纤维素含量较低（分别为 35.71% 和 30.81%）和 $w_{cellulose}$/$w_{hemicellulose}$ 值较低（分别为 1.25 和 1.21）的小麦秸秆和玉米秸秆的热解油产率（均为 13.0 wt.%）明显低于其他秸秆。虽然花生秸秆具有较高的 $w_{cellulose}$/$w_{hemicellulose}$ 值（1.80），但其纤维素含量（36.56 wt.%）相对较低，因而它的热解油产率明显较低（15.1 wt.%）。这可能是由于纤维素和半纤维素之间的氢键及其所构成的复杂结构阻碍了纤维素在热解时的进一步分解[10-12]。

秸秆与废机油共同加氢热解的总热解油产率在 50.3～52.0 wt.% 的小范围内波动，并明显高于相应秸秆和废机油单独加氢热解的计算平均值（40.8～46.0 wt.%）。这说明秸秆与废机油在共同加氢热解过程中存在正向协同效应。这可能是因为废机油中的清净剂和分散剂渗透到纤维素和半纤维素之间的结构中，从而促进了纤维素的进一步分解。并且，单独热解时热解油产率较低的秸秆在共同加氢热解的过程中与废机油表现出更强的协同效应。如单独热解时热解油产率最低的小麦秸秆和玉米秸秆，它们与废机油共同热解所得热解油总产率与其各自平均值之间的差值分别为 9.9 wt.% 和 11.0 wt.%。要明显高于大豆秸秆和水稻秸秆的 4.6 wt.% 和 6.2 wt.%。此外，共同热解所获得的离心油产率（29.6～33.2 wt.%）明显高于单独加氢热解的混合平均值（16.5 wt.%）。后者是由于秸秆单独热解产物中没有明显离心油存在，而是将废机油单独加氢热解的离心油产率减半计算所得。上述结果表明共同加氢热解有利于产生更多轻质组分。接下来所要讨论的元素分析和 GC－MS 分析中，会为这一观点提供了更多补充。

秸秆单独加氢热解时的固体产率在 17.3～28.0 wt.% 变化，显著高于其相应原料的灰分含量（4.92～11.14 wt.%），这表明秸秆加氢热解过程中发生结焦。具有相对较高的 H/C_{eff} 值（0.40）和最高的 $w_{cellulose}$/$w_{hemicellulose}$ 值（1.92）的大豆秸秆单独加氢热解时产生的固体产率最低，为 17.3 wt.%，要明显低于其他秸秆的值（24.3～28.0 wt.%）。而具有最高 H/C_{eff} 值（0.50）的玉米秸秆，在加氢热解依然产生了 24.3 wt.% 的固体残渣，与具有低 H/C_{eff} 值（0.14～0.20）的其他三种秸秆相近。这应该是与其最低的 $w_{cellulose}$/$w_{hemicellulose}$ 值有较大关联。有相关报道指出，固体残渣通常都是由高活性中间体的再聚合形成的，而原料中的木质素和半纤维素是固体残渣的主要组成部分[11, 13]。因此，固体残渣可能是由于秸秆中的成分，特别是半纤维素和木质素的不完全分解所产生的。而废机油加氢热解所产生的固体产率（15.5 wt.%）更是显著高于其灰分含量（0.52 wt.%），这也意味着废机油在单独加氢热解过程中会发生结焦。根据作物秸秆类型的不同，通过共同加氢热解反应产生的固体残渣回收率在 7.3～12.4 wt.% 变化，明显低于秸秆和废机油单独加氢热解的产量（15.5～28.0 wt.%）以及相应的计算平均值(16.4~21.8 wt.%)。这说明与废机油共同加氢热解有利于抑制结焦，降低固体残渣产率。研究还发现，单独加氢热解时，固体残渣回收率较高的秸秆，在与废机油共同加氢热解中表现出更强的协同效应。这说明了废机油在低 H/C_{eff} 值生物质的加氢热解中不但可以提高热解油的产率和品质，还表现出极强的原料适应性。

秸秆单独加氢热解的气相回收率在 24.7~35.3 wt.%，通常是产物当中占比最高的组分。这归因于在加氢热解过程的较长保留时间引发了一系列的二次反应，包括裂解、加氢裂化和脱氧，进而产生了更多的气相产物。表 4-6 中列举了相应气体产物的组分含量。从表中可以看出，未反应掉的氢气为主要组分，占总量的 31.5%~40.3%。其次为 CO_2 和 CH_4，含量范围分别为 2.2%~16.0% 和 4.5%~8.2%。据文献报道，CO_2 很可能是由纤维素和半纤维素降解过程中产生的羰基裂解产生的，CH_4 的含量则与原料中木质素的含量有关[14]。值得注意的是，通过 TCD 模式是无法检测出 H_2S 和 NH_3 的，但根据气体样品的刺激性气味可判断两者的存在。秸秆与废机油共同加氢热解产生的气相回收率(10.3~19.3 wt.%)则要明显低于秸秆单独加氢热解的值。此外，共同热解的气相产率也低于相应的计算平均值。这意味着废机油在保护低分子量中间体和产物，避免其进一步裂解产生永久性气体方面发挥了很大的作用。表 4-6 还列出了废机油和秸秆共同热解气体产品中检测到的其他成分。共同热解的 C_2H_6 含量相对于相应的单独加氢热解要明显增加，其大部分都是由废机油引入的。

表 4-6　秸秆与废机油单独和共同热解气相产物组成　　　　单位：mol%

分类	He	H_2	CO	CH_4	CO_2	C_2H_8	C_3H_8
UEO	0.88	42.20	0.12	0.00	1.18	4.98	0.00
SS	0.81	31.51	1.84	4.47	5.37	0.00	0.00
RS	1.04	39.79	1.16	6.29	2.16	0.00	0.00
WS	0.90	33.68	1.58	4.98	8.60	0.00	0.93
MS	1.13	40.32	1.56	8.17	11.56	3.57	0.00
PS	0.87	40.07	2.05	7.21	15.96	0.00	0.00
SS+UEO	1.41	50.50	1.86	9.72	7.91	4.54	0.00
RS+UEO	1.44	53.79	1.36	11.67	8.36	7.96	0.00
WS+UEO	1.42	51.28	1.32	10.74	8.05	4.65	0.00
MS+UEO	1.38	51.07	1.64	7.88	10.80	3.25	0.00
PS+UEO	1.32	53.14	1.58	8.81	6.57	5.02	0.00

在木质纤维素生物质的热解过程中，水分通常是由纤维素和半纤维素衍生的低分子中间体和产物(如葡萄糖和阿拉伯木聚糖)的进一步分解而产生的[15,16]。在催化条件下，氢气的存在更有利于羰基和羧基的饱和化和羟基的脱除。此外，原料当中的水分也占了

水相产率的一部分。水相产物中还含有一些水溶性有机分子。在本实验中，秸秆单独加氢热解的水相产量在15.6～23.2 wt.％的范围内变化，而废机油单独加氢热解的产物中没有观察到稳定的水相存在。在共同加氢热解时，水相产率在11.6～16.8 wt.％范围内变化，与其他组分的变化趋势并无明显关联。对于玉米秸秆而言，与其他作物秸秆相比，它共同加氢热解所生产的水相产量（16.3 wt.％）甚至略高于单独加氢热解（15.6 wt.％）。此外，共同加氢热解的水相产率高于单独加氢的混合平均值（7.8～11.6 wt.％）。这一现象应该是由于废机油作为供氢体更有利于碳氧键的饱和化和羟基的去除。同时，共同加氢热解过程中会产生更多水溶性有机分子，进而提高了水相回收率。

4.5.2　热解油元素组成

表4－7给出了五种秸秆及废机油单独加氢热解和共同加氢热解所获热解油的元素组成，以及通过杜龙公式所推算出的热值和能量回收率（ER）。应注意的是，离心油和萃取油的混合值，标记为M－oil，是通过离心油和萃取油的元素组成以及它们的质量，在假设两者混合后不发生反应的前提下，推算出来的。更具体地说，混合油的元素含量数值就是离心油和萃取油元素组成与其各自产率乘积的代数和除以两者产率之和。为便于比较，还根据秸秆和废机油单独加氢热解所得热解油的产率和元素组成，推算出其平均值，标记为A－oil。其数值就是秸秆和废机油单独加氢热解所得热解油的元素组成与其各自产率乘积的代数和除以两者产率之和。通过混合值和平均值的比较可以推导出秸秆与废机油在热解油元素组成上协同作用的强弱。

表4－7　秸秆与废机油单独和共同热解所得热解油的元素组成

分类	C /wt.％	H /wt.％	O /wt.％	N /(mg·L^{-1})	S /(mg·L^{-1})	H /C$_{eff}$	热值 /(MJ·kg^{-1})	能量回收率/％
SS－oil	82.09	10.39	0.91	1078	1840	1.50	42.61	60.88
RS－oil	86.60	10.91	0.91	674	3258	1.50	45.06	67.95
WS－oil	83.95	10.75	1.18	661	3546	1.52	43.90	46.48
MS－oil	85.18	10.17	0.94	2729	2517	1.42	43.41	30.95
PS－oil	84.63	10.79	0.69	2018	2613	1.52	44.17	46.50
C－UEO－oil	84.74	14.36	0.92	9	11	2.02	48.99	34.97
E－UEO－oil	83.21	13.83	1.04	54	429	1.98	47.74	37.05
C－(SS＋UEO)－oil	85.97	12.03	1.14	57	18	1.66	46.04	44.12
E－(SS＋UEO)－oil	86.11	12.58	1.18	795	97	1.73	46.87	31.22
C－(RS＋UEO)－oil	85.95	12.02	2.31	15	20	1.64	45.81	51.37

续表

分类	C /wt. %	H /wt. %	O /wt. %	N /(mg·L⁻¹)	S /(mg·L⁻¹)	H /Ceff	热值 /(MJ·kg⁻¹)	能量回收率/%
E -(RS+UEO)- oil	86.20	12.11	2.03	887	96	1.65	46.08	26.78
C -(WS+UEO)- oil	85.91	12.05	1.11	12	21	1.66	46.05	47.70
E -(WS+UEO)- oil	85.67	13.44	1.23	445	71	1.86	47.94	35.76
C -(MS+UEO)- oil	85.91	12.44	0.99	17	24	1.72	46.63	42.99
E -(MS+UEO)- oil	84.82	12.29	1.28	693	112	1.72	46.00	30.27
C -(PS+UEO)- oil	85.55	12.25	0.95	48	16	1.70	46.24	48.42
E -(PS+UEO)- oil	85.57	11.85	1.54	813	72	1.63	45.58	28.71
M - UEO - oil	83.94	14.08	0.98	33	228	2.00	48.34	72.02
M -(SS+UEO)- oil	86.02	12.24	1.16	334	48	1.69	46.38	75.34
M -(RS+UEO)- oil	86.04	12.05	2.21	313	46	1.64	45.90	78.15
M -(WS+UEO)- oil	85.81	12.63	1.16	193	42	1.75	46.84	83.45
M -(MS+UEO)- oil	85.46	12.38	1.11	298	60	1.72	46.37	73.26
M -(PS+UEO)- oil	85.56	12.10	1.17	335	39	1.68	45.99	77.13
A -(SS+UEO)- oil	83.47	13.14	0.96	298	637	1.87	46.88	69.20
A -(RS+UEO)- oil	84.53	13.37	0.97	176	903	1.88	47.61	71.12
A -(WS+UEO)- oil	83.94	13.55	1.01	133	756	1.92	47.63	67.96
A -(MS+UEO)- oil	84.14	13.46	0.98	462	592	1.90	47.55	65.49
A -(PS+UEO)- oil	84.06	13.49	0.93	391	659	1.91	47.58	67.42

从表 4 - 7 看出，秸秆单独加氢热解所得油的 C 和 H 含量分别为 82.09～86.60 wt.% 和 10.17～10.91 wt.%，明显高于相应原料的值（34.55～45.88 wt.% 和 4.60～6.07 wt.%），而氧含量（0.69～1.18 wt.%）要显著低于相应原料的值（31.31～39.86 wt.%），从而导致油的热值（42.61～45.09 MJ/kg）明显增加。热解油中极低的氧含量说明催化加氢热解可以有效提高热解油脱氧效率，特别是在贵金属催化剂存在下该效果尤为显著。热解油的 H/Ceff 值介于 1.42 和 1.52 之间，明显高于相应秸秆原料的值（0.14～0.50）。基于对油密度粗略估计为 1 kg·L⁻¹ 的前提下，即含量 1000 mg·L⁻¹ 相当于 0.1 wt.%，所以热解油的 N 含量（661～2729 mg·L⁻¹）要明显低于相应原料的值（1.11～2.00 wt.%）。但单独加氢热解油中的 S 含量（1840～3546 mg·L⁻¹）却略高于原料（0.05～0.28 wt.%）。说明秸秆的单独加氢热解并不利于硫的脱除。原料中的 S 元素会在热解油中富聚，从而降低热解油的品质和应用前景。与热解油产率的显著影响不同，原料生化组成对热解油元素组成的影响并不明显。

热解油中的热值相对于秸秆与废机油总热值的百分比表示为能量回收率(ER)。秸秆单独热解的能量回收率在 30.95%～67.95% 的范围内波动。其中玉米秸秆的能量回收率最低，远低于其他秸秆的值，这主要是源于它的显著更低的热解油产率。与秸秆单独加氢相比，废机油的热解油(包括离心油和萃取油)中的氢含量和热值均明显增高(13.83～14.36 wt. %，47.74～48.99 MJ/kg)，N 元素和 S 元素含量显著降低。值得注意的是，废机油热解离心油中的 N 和 S 含量(分别为 9 mg·L^{-1} 和 11 mg·L^{-1})极低，而萃取油中的相应值却分别达到了 54 mg·L^{-1} 和 429 mg·L^{-1}，这表明离心油比萃取油含有更少的含 N、S 化合物，并且 N 和 S 主要存在于大分子量化合物中。随后离心油和萃取油的分子组成分析结果进一步验证这一观点。

相较于秸秆单独热解，秸秆与废机油的共同加氢热解所生产的油(包括离心油和萃取油)，通常具有更高的氢含量(11.85～13.44 wt. %)和热值(45.58～47.94 MJ/kg)以及 H/C_{eff} 值(1.63～1.86)，和显著降低的 N、S 含量(分别 12～887 mg·L^{-1} 和 16～112 mg·L^{-1})。此外，通过对比五种秸秆共同加氢热解的离心油和萃取油，不难发现离心油拥有极低的 N、S 含量，分别为 12～57 mg·L^{-1} 和 16～24 mg·L^{-1}。而萃取油中的 N、S 含量则分别为 445～887 mg·L^{-1} 和 71～112 mg·L^{-1}，显著高于离心油的值。这再次表明离心油相较于萃取油含有较少的含 N、S 化合物。此外，离心油的能量回收率(42.99%～51.37%)也明显高于相应的萃取油的值(26.78%～35.76%)。当然，这主要还归因于离心油相对更高的产率。

为进一步探讨废机油和秸秆共同加氢热解过程中的协同效应，还给出了不同秸秆与废机油的共同热解混合油(M-oil)的元素组成以及秸秆与废机油单独热解混合油(A-oil)元素组成的平均值。需要注意的是，这些值是根据计算得到的，而非直接测量。观察表 4-7 可以看到，共同热解混合油的 C 和 O 含量(分别为 85.46～86.04 wt. % 和 1.11～2.21 wt. %)通常略高于单独热解混合油的值(83.47～84.06 wt. %，0.93～1.01 wt. %)，而 H 含量(12.05～12.63 wt. %)略低于后者(13.14～13.55 wt. %)。因此导致共同热解混合油的 H/C_{eff} 值(1.64～1.75)和热值(45.90～46.84 MJ/kg)明显低于单独热解混合油(分别为 1.87～1.91 和 46.88～47.63 MJ/kg)。单独热解混合油的 H/C_{eff} 值和高热值较高，主要是由于废机油的单独加氢热解油产率要显著高于秸秆单独加氢热解的油产率。需要注意的是，共热解混合油中的 S 含量在 31～50 mg·L^{-1} 范围内变化，远低于对应的单独热解混合油的值(592～903 mg·L^{-1})。这表明秸秆在与废机油共同热解的过程中，对 S 元素的脱除存在很强的正协同效应。但两者的 N 元素含量并未发现有明显的差异，表明共热解所得油中 N 含量相对于单独加氢热解所得油的 N 含量的降低很可能只是源于废机油的稀释效应，并不存在明显协同作用。这一现象也表明，生物油中 N 的脱除仍具有挑战性[17]。但离心油中的 N 含量(12～57 mg·L^{-1})和萃取油的值(445～887 mg·L^{-1})相比仍存在显著差异。这或许表明生物油成分有效分离和定向改质相结合是实现脱氮的一种较有希望的改质方法。此外，我们还观察到共同热解混合油的能量回收率明显高于相应的单独热解混合油，甚至略高于废机油。这也表明在能量回收率上，秸秆与废机油共同加氢热解工艺存在一定的协同效应。

4.5.3　热解油分子组成

我们利用全二维气相色谱-飞行时间质谱获得了秸秆与废机油共同加氢热解所得油以及废机油单独热解油的分子组成信息。对鉴定出的化合物进行归类，分为饱和烃、不饱和烃、芳香烃、含 N 化合物、含 O 化合物和含 S 化合物，不在此类的归为其他，其分类结果如表 4-8 所示。

如表 4-8 所示，无论是废机油单独加氢热解，还是秸秆与废机油共同加氢热解所得生物油（离心油和萃取油），主要由饱和烃与不饱和烃以及芳香族化合物组成（81.87％～92.28％）。废机油单独加氢热解的离心油相较于萃取油要含有更多的饱和与不饱和烃，以及更少的芳香族化合物。同时，在两种热解油中均检测到了微量含氮化合物，这可能是废机油中清净剂和分散剂的热解产物。废机油单独加氢热解的离心油和萃取油中含氧化合物的相对含量基本相同，这与元素分析结果一致。对于秸秆与废机油共同加氢热解所得油，无论是离心油还是萃取油，其饱和烃的相对含量（分别为46.56％～52.86％和43.89％～49.95％）都明显大于废机油单独加氢热解油的值（分别为45.00和39.85％），而不饱和烃的相对含量（分别为 25.97％～29.16％和 24.09％～27.27％）则明显低于后者（38.39％和 34.06％）。这一结果表明了废机油在与秸秆共同加氢热解过程中对不饱和键的加氢存在明显促进作用。

表 4-8　秸秆与废机油共同加氢热解所得油以及废机油单独热解油的分子组成(峰面积％)

分类	饱和烃	不饱和烃	芳香族化合物	含 N 化合物	含 S 化合物	含 O 化合物	其他
C - UEO - oil	45.00	38.39	5.68	1.17	0.49	7.83	0.02
E - UEO - oil	39.85	34.06	7.96	1.54	0.85	7.61	0.13
C - SS+UEO - oil	52.69	29.16	10.43	0.74	0.07	4.61	0.00
E - SS+UEO - oil	49.95	27.19	13.45	1.92	0.80	5.79	0.00
C - RS+UEO - oil	51.80	26.41	12.56	1.72	0.73	4.14	0.01
E - RS+UEO - oil	49.32	27.15	12.64	1.85	0.75	5.62	0.01
C - WS+UEO - oil	46.56	26.60	13.73	3.00	0.14	8.79	0.03
E - WS+UEO - oil	43.89	24.09	16.51	3.58	1.05	7.43	0.05
C - MS+UEO - oil	52.86	25.97	11.20	1.65	0.19	6.74	0.04
E - MS+UEO - oil	45.68	27.27	13.56	3.56	0.49	7.07	0.01
C - PS+UEO - oil	51.74	28.93	11.16	1.83	0.41	4.88	0.01
E - PS+UEO - oil	49.31	25.15	13.72	2.23	0.43	6.75	0.04

废机油单独加氢热解所得油中的芳香族化合物要明显低于秸秆与废机油共同加氢热解所得油的值。气质分析结果显示其热解油中的芳香族化合物主要是苯和萘的烷基衍生物，如甲苯、二甲苯、1，2，3-三甲苯、1-乙基-3-甲苯和二甲基萘。并且在废机油与秸秆共同加氢热解所得油中存在一部分芳香族化合物，如乙苯，并未在废机油单独加氢热解所得油中检出。这表明相当一部分芳香族化合物来自秸秆原料成分（主要是木质素）的分解。对于所有的热解油，均可以观察到离心油比萃取油拥有更高的饱和烃含量和较低的芳香族化合物含量。这表明离心油具有较高的稳定性和饱和度。从表中可以看出，与相应的萃取油相比，离心油通常含有较少的含氮化合物和含硫化合物，这也与元素分析结果一致。

参考文献

[1] ZHANG J, ZHENG N, WANG J. Comparative investigation of rice husk, thermoplastic bituminous coal and their blends in production of value – added gaseous and liquid products during hydropyrolysis/co – hydropyrolysis[J]. Bioresource technology, 2018, 268: 445 – 453.

[2] BEAUCHET R, PINARD L, KPOGBEMABOU D, et al. Hydroliquefaction of green wastes to produce fuels[J]. Bioresource technology, 2011, 102: 6200 – 6207.

[3] MURNIEKS R, KAMPARS V, MALINS K, et al. Hydrotreating of wheat straw in toluene and ethanol[J]. Bioresource technology, 2014, 163: 106 – 111.

[4] TIAN Y, WANG F, DJANDJA J, et al. Hydrothermal liquefaction of crop straws: Effect of feedstock composition[J]. Fuel, 2020, 265: 116946.

[5] KUPAREVA A, MAEKI – ARVELA P, GRENMAN H, et al. Chemical characterization of lube oils[J]. IEEE transactions on nanotechnology, 2013, 27: 27 – 34.

[6] YAN W, WANG K, DUAN P, et al. Catalytic hydropyrolysis and co – hydropyrolysis of algae and used engine oil for the production of hydrocarbon – rich fuel[J]. Energy, 2017, 133: 1153 – 1162.

[7] WANG B, DUAN P, XU Y, et al. Co – hydrotreating of algae and used engine oil for the direct production of gasoline and diesel fuels or blending components[J]. Energy, 2016, 136: 151 – 162.

[8] 余春江, 骆仲泱, 张文楠, 等. 碱金属及相关无机元素在生物质热解中的转化析出[J]. 燃料化学学报, 28: 420 – 425.

[9] MACIEL G, MACHADO M, BARBARA J, et al. GC × GC/TOFMS analysis concerning the identification of organic compounds extracted from the aqueous phase of sugarcane straw fast pyrolysis oil[J]. Biomass & bioenergy, 2016, 85,

198 – 206.

[10] 王伟，闫秀懿，张磊，等. 木质纤维素生物质水热液化的研究进展[J]. 化工进展，2016，35：453 – 462.

[11] YU J, PATERSON N, BLAMEY J, et al. Cellulose, xylan and lignin interactions during pyrolysis of lignocellulosic biomass[J]. Fuel, 2016, 191：140 – 149.

[12] ZHANG J, CHOI Y S, YOO C G, et al. Cellulose – Hemicellulose and Cellulose – Lignin Interactions during Fast Pyrolysis[J]. ACS sustainable chemistry & engineering, 2015, 3：293 – 301.

[13] ZHU Z, TOOR S S, ROSENDAHL L, et al. Influence of alkali catalyst on product yield and properties via hydrothermal liquefaction of barley straw[J]. Energy, 2015, 80：284 – 292.

[14] PASANGULAPATI V, RAMACHANDRIYA K D, KUMAR A, et al. Effects of cellulose, hemicellulose and lignin on thermochemical conversion characteristics of the selected biomass[J]. Bioresource technology, 2012, 114：663 – 669.

[15] MAYES H B, NOLTE M W, BECKHAM G T, et al. The Alpha – Bet(a) of Glucose Pyrolysis: Computational and Experimental Investigations of 5 – Hydroxymethylfurfural and Levoglucosan Formation Reveal Implications for Cellulose Pyrolysis[J]. ACS sustainable chemistry & engineering, 2014, 2：1461 – 1473.

[16] ZHOU X, LI W, MABON R, et al. A mechanistic model of fast pyrolysis of hemicellulose[J]. Energy & environmental science, 2018, 11：1240 – 1260.

[17] WANG F, TIAN Y, ZHANG C, et al. Hydrotreatment of bio – oil distillates produced from pyrolysis and hydrothermal liquefaction of duckweed: A comparison study[J]. Science of the total environment, 2018, 636：953 – 962.

第5章　秸秆水热液化生物油的加氢改质

作物秸秆作为可再生能源的原料，广泛存在于中国的农村地区。秸秆的废弃和直接燃烧不但造成资源的浪费，亦会造成严重的环境污染。秸秆可通过热化学转化（水热液化、热解）方法将其转化为能量密度更高的液体燃料——生物油，在化石燃料的替代方面具有较大应用潜力。但是，秸秆经热化学转化所得生物油是一个包含多种有机化合物的复杂混合体系，其种类有数百种之多。秸秆生物油含有大量含氧化合物，主要有酚、酮、醇、酯、酸、醛、呋喃等[1]。此外，秸秆生物油还含有一定量的含氮、含硫化合物，这化合物且具有高黏度、高酸度和热稳定性差等特点[2]。这些特点严重影响了其应用前景，故需要进一步改性提质，以满足其作为车用燃料的需求。

生物油改性提质的方法有许多种，主要有催化加氢、催化裂解、催化酯化、水蒸气重整等化学方法，以及加入溶剂、乳化等物理方法[3-5]。其中，催化加氢是最常用的方法，通常是加入氢气和催化剂，在高温高压下反应，主要包括加氢脱氧、加氢脱氮和加氢脱硫等反应[6]。加氢脱氧是改质过程中发生的主要反应，其中的氧元素主要通过 H_2O 和 CO_2 的形式脱除[7]。此外，溶剂，特别是氢供体溶剂，通常用于生物油的加氢处理，以减少传质限制，有效地延缓焦炭前体的形成，并从催化剂孔中原位提取焦炭前体[8],[9]。常用的溶剂有水、醇类、正构烷烃等[10]。冯刚[11]研究四种不同类型的溶剂对苯酚催化加氢效果的影响，发现苯酚在正己烷中的转化率最高。

基于此背景，本章采用四种秸秆的水热液化生物油为原料，5 wt.％Pt/C 为催化剂，正己烷为溶剂，研究其催化加氢改质过程。探究了正己烷和生物油的质量比对产物分布的影响，以及对改质油组分含量的影响。并在此基础上，对改质产物油进行二次改质，以期获得高品质液体燃料。

5.1　实验材料

实验所用生物油为第 2 章中四种秸秆水热液化所得生物油。所用的催化剂为 5 wt.％Pt/C，购买于郑州阿尔法化工有限公司，使用前置于 105 ℃的烘箱中干燥 4 h，密封备用。生物油两次改质所用反应釜均为间歇式不锈钢高压反应釜，其中第一次改质所用反应釜容积为 50 mL，第二次改质所用反应釜容积为 10 mL。所用的盐浴为质量比为 5∶4 的工业级硝酸钾和硝酸钠的混合熔融盐浴。实验过程中所用的去离子水为实验室自制，实验所用试剂正己烷和二氯甲烷等均为分析纯，购买于试剂公司。

5.2　实验流程

第一次改质过程，取 5 g 秸秆水热液化生物油加入 50 mL 反应釜中，加入一定质量的正己烷溶剂，再加入 0.5 g 5 wt.％Pt/C 催化剂后，密封反应釜。用 H_2 置换釜中的空气约 15 min，然后向釜中充入 6 MPa H_2 并拧紧阀门。将反应釜放入已经预热至 350 ℃ 的盐浴中，约 20 min 后反应釜升温至 350 ℃ 时，开始计时。反应时间为 2 h，期间反应釜压力为 14～19 MPa。反应结束将反应釜放入水中冷却淬灭反应，待冷却至室温后拿出吹干，釜内压力降为 3～4 MPa。称取反应釜的质量，打开排气阀放气，称取放气后反应釜的质量。排气前后质量差即为气体质量。打开反应釜，上层为流动性好的液体(称之为轻油)，下层为黏稠状的液体(称之为重油)和残渣。将轻油转移至 50 mL 离心管中，离心机转速为 12000 r/min，离心后倒出上层液体称取重量，即为轻油的质量。剩下的少量残渣与反应釜中的重油和残渣合并后加入约 20 mL 二氯甲烷洗涤，转移至布氏漏斗中抽滤(抽滤所用滤纸干燥至恒重后称取质量)，用约 50 mL 二氯甲烷分三次边洗涤滤渣边抽滤。将抽滤剩余固体残渣连同滤纸在 105 ℃ 干燥 12 h 后称重，固体产物质量等于滤纸和固体残渣总质量减去滤纸和催化剂的质量。滤液收集至已预称重的 100 mL 圆底烧瓶中，利用旋转蒸发仪除去二氯甲烷后称取质量，旋蒸前后烧瓶的质量差即为重油的质量。第一次改质各产物产率计算如式(5-1)至式(5-4)所示。

$$轻油产率＝(轻油质量/生物油质量)×100\% \qquad (5-1)$$
$$重油产率＝(重油质量/生物油质量)×100\% \qquad (5-2)$$
$$气体产率＝(气体质量/生物油质量)×100\% \qquad (5-3)$$
$$固体产率＝(固体质量/生物油质量)×100\% \qquad (5-4)$$

第二次改质过程，取第一次改质后的轻油 2 g 和 5 wt.％Pt/C 催化剂 0.2 g 加入 10 mL 反应釜中密封。用 H_2 置换釜中的空气约 15 min，然后向釜中充入 6 MPa H_2 并拧紧阀门。此反应釜没有热电偶插孔，经测试盐浴与反应釜内部的温差约有 35 ℃，因此反应温度设置为 400 ℃ 时，盐浴的温度设置为 435 ℃。将密封的反应釜放入正在加热升温的盐浴中，待盐浴温度升至 435 ℃ 时，反应釜内的温度应为 400 ℃，此时开始计时。反应时间为 2 h，反应过程中压力升至 12～14 MPa。反应结束将反应釜放入水中冷却淬灭反应，待冷却至室温后拿出吹干，压力降为 4～5 MPa。称取反应釜的质量，打开排气阀放气，称取放气后反应釜的质量，前后质量差即为气体质量。打开反应釜，尽量将釜内的液体和固体完全转移至 50 mL 离心管中，离心机转速为 12000 r/min，上层清液倒出后密封保存。剩余的残渣用少量二氯甲烷洗涤后自然过滤，滤渣放入 105 ℃

烘箱中烘干 12 h 后称重，减去催化剂质量后即为固体残渣的质量。油的质量利用差减法算出。第二次改质各产物产率计算如式（5-5）至式（5-7）所示。

$$气体产率＝（气体质量/轻油质量）×100\% \qquad (5-5)$$

$$固体产率＝（固体质量/生物油质量）×100\% \qquad (5-6)$$

$$改质油产率＝1－气体产率－固体产率 \qquad (5-7)$$

生物油沥青质含量的测定：称取约 100 g 秸秆生物油（未进行改质）于圆底烧瓶中，精确至 0.01 g，质量记为 m。在常压下蒸馏至液相温度为 260 ℃，蒸馏结束后待剩余油相冷却至室温称取质量记为 m_1，剩余油相用于沥青质含量的测定。称取剩余油相约 1 g 于 100 mL 圆底烧瓶 1 中，油相质量记为 m_2，加入 30 mL 正庚烷，置于加热套上回流 60 min，停止加热，待溶液冷却后盖上塞子于暗处静置 120 min。用加有滤纸的玻璃漏斗采用倾斜法自然过滤，并用少量热的正庚烷洗涤烧瓶中的残余物，置于滤纸上。折叠带有残余物的滤纸并放入索氏提取器内，下方放置装有 50 mL 正庚烷的圆底烧瓶 2 中，回流抽提 90 min。回流抽提结束后稍冷却，在圆底烧瓶 1 中加入 30 mL 甲苯并与索氏提取器相连，继续加热回流抽提直至滤纸上的不溶物全部溶于甲苯。待圆底烧瓶 1 冷却后，取下放于通风橱内蒸馏除去溶剂甲苯，后移入真空干燥箱在 105 ℃ 及 53～66 kPa 下保持 60 min，取出放入干燥器中冷却 40 min 后称量至恒重，质量记为 m_3。原油中的沥青质含量以质量分数 W 计，按照式（5-8）进行计算。

$$W＝（m_3/m_2）（m_1/m）×100\% \qquad (5-8)$$

改质油的有机元素含量使用 Flash 2000（Thermo Fisher Scientific，USA）元素分析仪进行分析。由于改质油中的氮、硫含量较低，故采用 TN-3000 型化学发光测氮仪和 TS-3000 型紫外荧光测硫仪测试。改质油的 GC×GC-TOFMS 仪器参数和测试条件如表 5-1 所示。

表 5-1　GC×GC-TOFMS 仪器与测试参数

GC×GC 条件		TOFMS 条件	
项目	参数值	项目	参数值
一维柱系统	Rxi-5sil MS(30 m×0.25 mm×0.25 μm)	离子源温度/ ℃	250
二维柱系统	Rxi-17(2 m×0.15 mm×0.15 μm)	电离能量/eV	−70
一维色谱升温程序	40 ℃(8 min)，以 2 ℃/min 升至 300 ℃(2 min)	检测器电压/V	1500
二维色谱升温程序	40 ℃(8 min)，以 2 ℃/min 升至 300 ℃(2 min)	一维采集速率/(谱·s⁻¹)	10
进样口温度/ ℃	300	二维采集速率/(谱·s⁻¹)	100
进样量/μL	1	质量扫描范围/u	35～500
分流比	5	采集延迟时间/s	240
载气	He，流速 1 mL/min		
调制器温度	比一维柱温高 15 ℃		
调制周期	8 s，冷吹 2.4 s，热扫 1.6 s		
传输线温度/ ℃	280		

5.3　正己烷添加量对秸秆水热液化油改质产物分布的影响

图 5-1 列举了四种秸秆水热液化生物油在不同正己烷添加量下的催化加氢改质产物的分布情况。生物油与正己烷的质量比，即 $W_{生物油}/W_{正己烷}$ 分别为 1∶1、1∶2 和 1∶3。

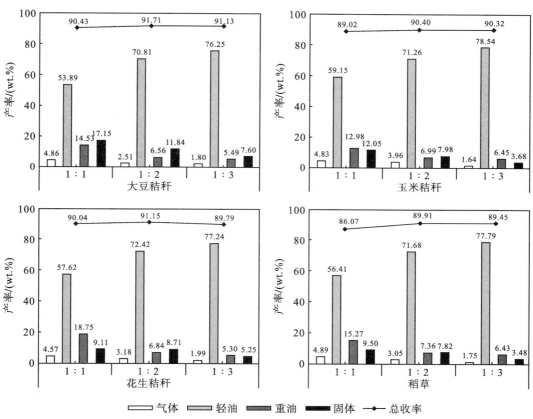

图 5-1　四种秸秆水热液化生物油在不同正己烷添加量下的催化加氢改质产物分布

如图 5-1 所示，整体而言，随着溶剂正己烷添加量的增加，轻油的产率在逐渐增加，由 $W_{生物油}/W_{正己烷}$ 为 1∶1 时的 53.89～59.15 wt.％增加为 $W_{生物油}/W_{正己烷}$ 为 1∶3 时的 76.25～78.54 wt.％。其中，当 $W_{生物油}/W_{正己烷}$ 由 1∶1 变至 1∶2 时，轻油产率增加的幅度最为明显。气体、重油、固体残渣的产率在逐渐下降。以气体为例，当 $W_{生物油}/W_{正己烷}$ 为 1∶1 时，改质后的气体产率在 4.57～4.89 wt.％。随着正己烷添加量的增加，气体产率下降的幅度基本一致。当 $W_{生物油}/W_{正己烷}$ 为 1∶3 时，气体产率降至 1.64～1.99 wt.％。产生的气体主要是生物油脱氧、脱氮、脱硫生成的气体产物以及生物油在高温下的裂解产物。$W_{生物油}/W_{正己烷}$ 为 1∶1 时，大豆秸秆生物油改质后的固体产率在四种秸秆生物油中最高，为 17.15 wt.%，远高于其他三种秸秆生物油的值（9.11～12.05 wt.%）。这与其高沸点物质含量多有关。高沸点物质的分子量通常较大，在高温下容易发生缩聚反应，而大豆秸秆油高于 400 ℃ 的组分含量较高（见图 2-5），导致固体产物的增加。当 $W_{生物油}/W_{正己烷}$ 由 1∶1 变为 1∶3 时，固体产率由 17.15 wt.% 降至 7.60 wt.%。说明随着正己烷的添加量增加，大豆秸秆生物油改质后固体产物的减少较为明显。$W_{生物油}/W_{正己烷}$ 为 1∶1 时，花生秸秆生物油改质后的固体产率最少，为 9.11 wt.%；当 $W_{生物油}/W_{正己烷}$ 为 1∶3 时，其产率降至 5.25 wt.%。相对于大豆秸秆生物油，正己烷溶剂添加量的增加对于花生秸秆生物油改质后的固体差率影响并不十分显著。这表明溶剂的添加能够有效减少高沸点生物油改质过程中固体残渣的生成。

从图中来看，所有秸秆生物油改质后的总回收率（各产物产率之和）在 86～92 wt.%，说明改质过程中质量损失较小。其质量损失主要由于：①开釜之后正己烷的挥发；②反应脱除的氧以水的形式存在并由固体残渣吸附，在用二氯甲烷洗涤和烘干的过程中造成损失。此外不同秸秆生物油改质过程中，总回收率均在 $W_{生物油}/W_{正己烷}$ 为 1∶2 时达到最大。由于正己烷沸点较低且常温下极易挥发，添加量增加后，挥发量也随之增加。故 $W_{生物油}/W_{正己烷}$ 为 1∶3 时，轻油的产率并没有明显地增加。重油产率的变化亦呈现出同样的规律。以花生秸秆生物油为例，如图 5-1(c)所示，在 $W_{生物油}/W_{正己烷}$ 为 1∶1 时，重油的产率最高为 18.75 wt.%，随着正己烷添加至 $W_{生物油}/W_{正己烷}$ 为 1∶2 和 1∶3 时，重油的产率分别降至 6.84 wt.% 和 5.3 wt.%。从中可以看出，重油降低幅度最初较为明显，但随后趋于平稳。图中其他三种秸秆生物油呈现出同样的趋势。

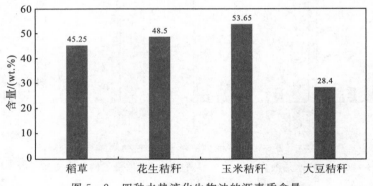

图 5-2　四种水热液化生物油的沥青质含量

改质后重油的变化随着溶剂添加量的增加趋于平稳，我们最初认为重油和固体残渣的产生与生物油中沥青质的含量有关。沥青质作为黏稠状的大分子物质，在改质过程中由于其流动性较差，传热效果差，导致产生积碳。图 5-2 展示的是生物油中沥青质的含量，其中，大豆秸秆油的沥青质含量最低，为 28.4 wt.%；玉米秸秆油的沥青质含量最高，为 53.65 wt.%。从图 5-1 来看，花生秸秆生物油在 $W_{生物油}/W_{正己烷}$ 为 1∶1 时，改质后的重油产率最高，但固体残渣的产率较低。大豆秸秆生物油在 $W_{生物油}/W_{正己烷}$ 为 1∶1 时，改质后的重油产率为 14.53 wt.%，固体残渣的产率为 17.15wt.%。

通过对比生物油中沥青质的含量和改质后重油和固体的产率，我们并没有发现二者存在明显的关联。考虑到正己烷是非极性溶剂，而生物油中含有较多的极性物质，两者不能互溶。但在超临界条件以及氢气和催化剂的存在下，生物油中的部分化合物被正己烷萃取并且被催化加氢，最终与正己烷形成均相。由于正己烷添加量有限，因此还有部分化合物不能被萃取以及进行后续的催化加氢改质。所以，在 $W_{生物油}/W_{正己烷}$ 为 1：1 时，重油和固体的产率普遍较高，而不能被正己烷萃取并且催化加氢的化合物最终形成了积碳。但随着正己烷添加量的增加，重油降低幅度最初较为明显，但随后趋于平稳。这是由于沥青质中的部分化合物无法被正己烷萃取，属于生物油中最难转化的部分，催化加氢已很难再将其转化，只有通过其他改质手段，例如催化裂解等。

5.4　改质油和固体残渣的元素分析

生物燃料中的氮和硫在燃烧时会形成 NO_x 和 SO_x 排放到大气中，造成酸雨、臭氧层破坏等严重的环境问题。因此，氮和硫含量是衡量生物液体燃料质量高低的一个重要指标。现阶段车用汽柴油国 V、国 VI 标准均要求硫含量低于 10 ppm。因此，在生物油改质过程中，脱氮和脱硫一直是关注的重点。

衡量脱氮脱硫效果最直观的标准就是改质油中的氮硫含量。图 5-3 给出了不同环己烷添加量下四种秸秆生物油经改质后所得轻油的 N 和 S 含量，通过定氮定硫仪测定。由于测出的 N、S 含量均为 ppm 数量级，因此四种轻油中 N 和 S 含量的真实差距并不是很大。从图中可以看出，随着环己烷添加量的增加，所得轻油中的 N 和 S 含量呈现出逐渐下降的趋势，但稻草轻油除外，当 $W_{生物油}/W_{正己烷}$ 由 1：2 变为 1：3 时，稻草轻油的 N 和 S 含量甚至略有增加。在四种轻油中，花生秸秆轻油的 N 和 S 含量均高于其他三种油，尤其是 N 含量，与其他三种油的差异更为显著，这主要是由于花生秸秆生物油中含有更多的含氮化合物。

由于原油的黏度较大，直接进行催化加氢的活性位阻较大，传热性能差容易产生大量的积碳而使反应无法进行。添加溶剂的目的主要是对生物油的稀释以提高传热和传质效率，并且期望不能抑制生物油的催化加氢过程。由于正己烷与生物油的极性不同，混合后不互溶，且正己烷分子在金属催化剂活性位上的吸附也很弱，因此，正己烷的存在对生物油的加氢不会起到抑制作用。在超临界条件下，正己烷能将原油中的大部分化合物萃取出来，然后在催化剂和氢气的存在下进行催化加氢反应。从 N、S 的脱除效果来看，原油中的 N 含量在 1～2.2 wt.%（约为 9000～20000 ppm），S 含量在 0.13 wt.%（约为 1200 ppm）左右，加入溶剂改质后，N 含量降为 800～6000 ppm，S 含量降为 60～150 ppm，由此可见，加入正己烷的催化加氢改质效果非常理想。

表 5-2 为四种秸秆生物油在不同正己烷添加量下改质后轻油的 C、H 和 O 元素含量。从表中可以看出，经改质后所得轻油的 C 和 H 含量相对于改质前的生物油的对应

值(分别为 72.28~73.16 wt.%和 7.38~8.09 wt.%,见表 2-3)均有显著的增加。改

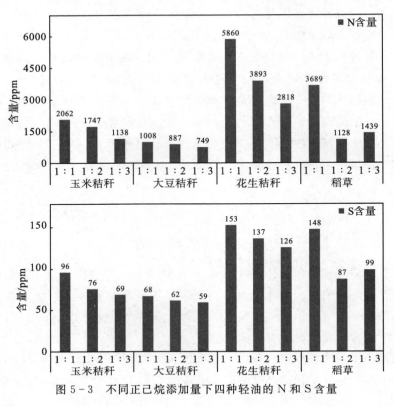

图 5-3　不同正己烷添加量下四种轻油的 N 和 S 含量

表 5-2　轻油的部分元素组成(wt.%)及热值

秸秆	$W_{生物油}:W_{正己烷}$	C	H	O	H/C	O/C	HHV/(MJ·kg^{-1})
玉米秸秆	1:1	85.56	13.04	1.74	1.83	0.02	47.22
	1:2	84.27	14.45	1.68	2.06	0.01	48.81
	1:3	83.31	14.92	1.71	2.15	0.02	49.15
大豆秸秆	1:1	85.60	14.00	0.66	1.96	0.01	48.80
	1:2	80.60	14.50	1.15	2.16	0.01	47.74
	1:3	80.02	14.01	1.34	2.18	0.01	46.82
花生秸秆	1:1	83.57	13.41	1.76	1.93	0.02	47.08
	1:2	81.33	14.51	2.39	2.14	0.02	47.78
	1:3	83.77	14.92	1.90	2.09	0.02	49.28
稻草	1:1	80.15	13.05	1.99	1.95	0.02	45.37
	1:2	79.63	13.22	1.39	1.99	0.01	45.55
	1:3	81.63	14.95	1.96	2.20	0.02	48.58

质后轻油的 O 含量也由改质前生物油的超过 12 wt.％基本降至 2 wt.％以下。其热值也由改质前的约 33 MJ·kg^{-1}陡增至 45～49 MJ·kg^{-1}。改质后轻油的 H 含量和 H/C 值基本上随着正己烷的添加量的增加而增加，而 C 和 O 含量以及热值并没有呈现出类似的规律。

改质产生的重油和固体残渣中的元素含量结果如表 5-3 所示。与轻油相比，重油和固体残渣的 N 和 O 含量显著更高。这表明在改质过程中含氮、含氧化合物只有部分被正己烷萃取出来，并且发生催化加氢反应被脱除掉，剩余的含氮、含氧化合物被留

表 5-3　重油和固体残渣的元素组成(wt.％)及热值

		$W_{原油}$ ：$W_{正己烷}$	N	C	H	O	H/C	O/C	HHV/(MJ·kg^{-1})
重油	玉米秸秆	1：1	1.30	78.53	8.51	5.21	1.30	0.05	37.77
		1：2	1.50	82.38	8.58	6.06	1.25	0.06	39.01
		1：3	1.44	75.52	8.27	7.25	1.31	0.07	36.04
	大豆秸秆	1：1	1.44	73.83	8.30	2.49	1.35	0.03	36.36
		1：2	2.09	81.24	8.39	2.92	1.24	0.03	38.93
		1：3	2.26	79.02	8.48	3.34	1.29	0.03	38.22
	花生秸秆	1：1	1.77	75.25	8.46	3.25	1.35	0.03	36.93
		1：2	2.01	76.22	8.36	3.93	1.32	0.04	37.00
		1：3	2.12	77.00	8.43	5.95	1.31	0.06	37.01
	稻草	1：1	1.62	80.79	8.38	4.40	1.24	0.04	38.48
		1：2	1.67	77.34	8.21	3.74	1.27	0.04	37.20
		1：3	1.78	79.98	8.54	5.75	1.28	0.05	38.20
固体残渣	玉米秸秆	1：1	1.17	53.07	4.52	4.22	1.02	0.06	23.63
		1：2	1.35	74.95	4.59	4.47	0.73	0.04	31.08
		1：3	1.38	82.19	4.13	5.39	0.60	0.05	32.71
	大豆秸秆	1：1	2.53	58.63	4.32	6.09	0.88	0.08	24.90
		1：2	2.44	57.31	4.33	5.49	0.91	0.07	24.58
		1：3	2.51	66.75	4.13	6.57	0.74	0.07	27.28
	花生秸秆	1：1	1.78	64.01	3.85	6.34	0.72	0.07	26.00
		1：2	1.89	67.44	4.07	7.14	0.72	0.07	27.34
		1：3	1.89	74.36	4.21	6.22	0.68	0.06	30.04
	稻草	1：1	1.82	62.35	3.83	6.27	0.74	0.08	25.42
		1：2	2.00	70.63	3.87	7.56	0.66	0.08	28.05
		1：3	1.43	66.07	3.92	5.79	0.71	0.07	26.90

在了重质组分和残渣中。重油和固体残渣中的 C、H 含量低于轻油，尤其是 H 含量。重油中的 H 含量在 8.5 wt.％左右，比轻油低约 6 wt.％。重油的 H/C 比约为 1.3 左右，显著低于轻油的值，说明重油中含有更多的高不饱和度化合物如芳香族化合物等。重油中的 N 含量为 1.3～2.3 wt.％，不同原料之间略有差异，这与其原料本身的 N 含量有关。大豆秸秆和花生秸秆水热液化油改质后产生的重油和残渣中的 N 元素含量较高。这是由于两种生物油中的吡啶和吡咯烷酮含量较高，两种化合物都是极性分子较难溶于正己烷中不能被催化加氢脱氮，因此在反应结束后留在了重油和残渣中。

5.5 轻油的 GC － MS 分析

改质后轻油的组分含量能直观地反映改质效果。图 5 － 4 为不同正己烷添加量下四种秸秆生物油改质所得轻油的总离子流图。从图中可以看出，玉米秸秆轻油和稻草轻油在 2000～4000 s 的保留时间段呈现更多的色谱峰，而花生秸秆轻油和大豆秸秆轻油在此范围内的色谱峰峰强要显著低于前两者。尤其是大豆秸秆轻油，此范围的峰强最弱。这也意味着玉米秸秆轻油和稻草轻油比后两者含有更多的低沸点化合物。

为更好地观察生物油组分，将各色谱峰经碎片解析以及与质谱库比对进行分析归类，结果如表 5 － 4 所示。各轻油中的含氧化合物被细分为酯、酮、酸、醛、醚、醇、酚等，剩余的归入其他含氧化合物中。在上述种类中，酚类占据了较大的比例。但不同原料来源所得的轻油，其酚含量差异明显。其中玉米秸秆的酚类含量最多，在 $W_{生物油}$：$W_{正己烷}$ 为 1：2 时，其酚类含量最高，为 44.38％。在同样条件下，其他秸秆轻油的酚类含量（1.40％～21.66％）远低于玉米秸秆轻油的值。尤其是大豆秸秆轻油，在 $W_{生物油}$：$W_{正己烷}$ 为 1：2 时，其酚类含量仅为 1.40％。正己烷添加量不同时，所得轻油的酚类含量也有显著差异，但从其变化中并未看出明显的规律。对于四种轻油而言，链烃（饱和烃和不饱和烃）和芳香烃均占据了较大的比例。这也表明在催化加氢过程中发生的双键饱和、脱氧和脱氮等反应显著提升了改质轻油中烃类的含量。大豆秸秆轻油中的芳香烃含量（34.76％～46.89％）明显高于其他三种轻油的值。正己烷添加量的不同也会造成改质轻油中各组分含量的显著差异，但其变化并未呈现出十分明显的规律。只是依稀能够观察出，绝大多数组分含量的极值（极大值或极小值）在 $W_{生物油}$：$W_{正己烷}$ 为 1：2 时，这或许可以为轻油的后续改质提供参考。

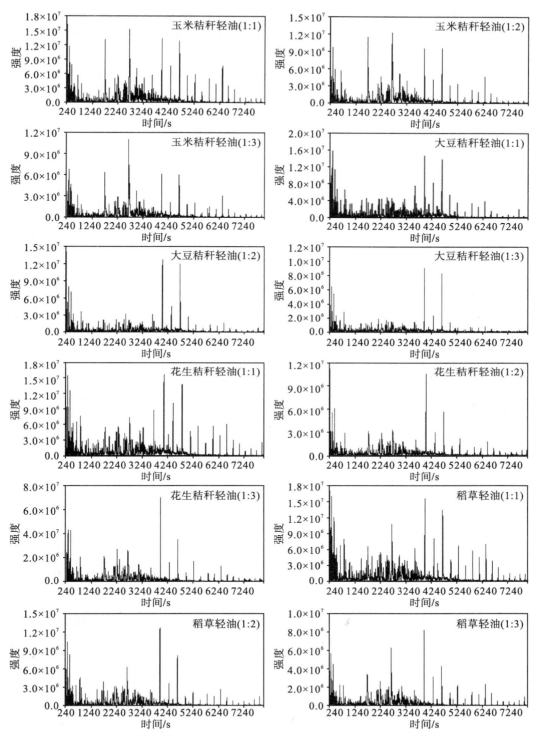

图 5 - 4　不同正己烷添加量下四种秸秆生物油改质所得轻油的总离子流图

表5-4　不同正己烷添加量下四种秸秆生物油改质所得轻油的分子组成(峰面积%)

分类	玉米秸秆轻油			大豆秸秆轻油			花生秸秆轻油			稻草轻油		
$W_{生物油}:W_{正己烷}$	1:1	1:2	1:3	1:1	1:2	1:3	1:1	1:2	1:3	1:1	1:2	1:3
酯	0.77	0.19	0.27	0.29	0.59	0.21	0.18	0.76	0.26	0.33	0.40	0.24
酮	1.45	3.65	6.80	0.33	0.41	3.92	0.58	3.67	5.99	0.65	1.59	2.80
酸	0.42	0.42	0.47	0.04	0.02	0.19	0.18	0.33	1.57	0.56	0.34	0.62
醛	0.02	0.54	0.70	0.76	0.80	0.67	1.06	0.91	0.70	0.54	1.09	0.83
醚	2.03	2.26	2.15	0.51	1.00	0.99	0.62	0.82	0.91	0.58	1.36	1.60
醇	0.60	1.08	1.29	1.15	0.79	0.61	2.36	1.90	0.89	1.56	0.52	2.16
酚	26.75	44.38	33.58	5.60	1.40	9.38	15.45	21.66	25.68	19.12	18.77	29.25
芳香烃	21.57	16.55	21.83	36.18	46.89	34.76	28.29	28.25	26.21	31.56	34.99	25.92
不饱和烃	6.55	9.53	10.99	5.35	5.19	8.03	6.94	8.99	7.32	7.72	7.07	8.02
饱和烃	36.78	19.78	19.14	48.10	41.79	38.80	42.63	28.42	22.33	35.84	32.16	26.93
含O化合物	0.66	0.66	0.51	0.35	0.32	1.54	0.29	0.74	1.44	0.13	1.03	0.88
含N化合物	1.14	—	0.18	0.33	0.15	0.43	0.63	2.09	0.55	0.41	0.20	0.42
N,O化合物	1.21	0.77	2.00	0.80	0.54	0.42	0.72	1.41	6.04	0.64	0.44	0.34
含S化合物	—	0.18	0.01	0.02							0.01	
S,O化合物		0.01			0.10		0.04			0.02	0.05	
N,S,O化合物	0.05	—	0.07	0.20			0.03	0.05	0.08	0.31	0.04	—

—未检测到。

我们也做了$W_{生物油}:W_{正己烷}$为1:2条件下四种轻油的 GC×GC-TOFMS 分析。图5-5展示了这四种轻油的 GC×GC-TOFMS 总离子流泡状图。从图中可以明显看出各类型化合物分布的规律。图中最下层红色泡状物对应着链烃,向上依次为环烷烃(紫色泡所示)、烯烃(浅绿色泡所示)和酮(黄色泡所示),这四种化合物在一维时间 240 s 处重叠交叉,但随着测试时间的增加,在二维柱上分离明显。图中,含有一个苯环的芳香烃(红色泡所示)与酚类化合物(深绿色泡所示)交叉出现在同一区域,表明在改质的过程中,苯及其同系物大多是由酚类化合物脱除掉酚羟基而形成的。

我们将 GC×GC-TOFMS 分析鉴定出的化合物进行分类,分为链烃、烯烃、环烷烃、酮、酚,以及含有一个苯环和两个苯环的化合物,其结果如表5-5所示。从表中可以看出,芳香烃和酚类化合物在轻油中占据了较大的比例,其中大豆秸秆轻油中单

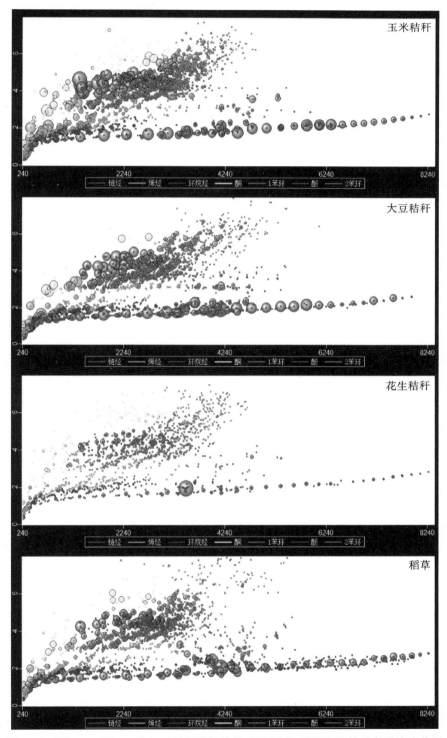

图 5-5　$W_{生物油}$：$W_{正己烷}$ 为 1：2 时四种轻油的 GC×GC-TOFMS 的总离子流泡状图

苯环芳烃的含量最高(26.12%),而稻草轻油中,含有两个苯环的化合物含量最高
(24.74%)。需要指出的是,大豆秸秆轻油中的酚含量(15.91%)虽然依旧是四种秸秆
轻油中最低的,但相对于其在常规 GC-MS 分析中的含量(1.40%,见表5-4),仍然
有明显增加。究其原因,很可能是常规气质分析中出现的产物共流出造成多峰叠加使
得谱峰识别出现偏差所致[12]。而 GC×GC-TOFMS 分析通过极性差异将沸点相近的
化合物在二维柱上进行分离后重新识别,从而提高了测试的准确度和可信度。除了芳
香烃和酚类化合物之外,链烃、烯烃在四种轻油中也占据了超过10%的比例。

表 5-5 $W_{生物油}$:$W_{正己烷}$为1:2时四种轻油的分子组成(峰面积%)

分类	玉米秸秆轻油	大豆秸秆轻油	花生秸秆轻油	稻草轻油
链烃	10.47	17.78	11.04	17.82
烯烃	15.84	13.49	14.19	11.29
环烷烃	7.44	13.19	8.45	8.33
酮	4.81	2.79	5.46	3.39
1苯环	19.21	26.12	21.51	19.02
酚	28.55	15.91	28.62	16.99
2苯环	15.85	12.33	12.19	24.74

5.6 轻油二次改质后的产物分布

尽管四种秸秆水热液化生物油经改质后所得轻油的 C、H 含量和热值较改质前均
有明显增加,其 O、N 和 S 含量亦显著降低。但其 N、S 含量仍然远高于"国五标准"规
定的车用汽柴油的含量要求(S 含量不高于 10 ppm),基于此,我们将所得轻油进行二
次改质,以进一步降低改质油的氮硫含量和提升品质。

二次改质选用的是 $W_{生物油}$:$W_{正己烷}$为1:2条件下所得的轻油,原因:①总回收率在
此添加量下达到最大,且轻油产率随着正己烷添加量进一步增加并没有明显的变化;
②轻油中的 N、S 含量虽然随着正己烷添加量的增加而有所降低,但趋势逐渐趋于平
稳。图 5-6 为四种轻油二次改质后的产物分布。从图中可以看出,四种轻油经二次改
质后,固体产率均降至 1 wt.% 以下。这主要是因为轻油的流动性较好,传质效果好,
在改质过程中不容易产生积碳。气体产率在 5.97~6.98 wt.%,主要是反应中脱除的
N、S、O 的氢化物(NH_3、H_2S 和 H_2O)和 CO_2,以及未反应完的氢气等。其中,玉米
秸秆、大豆秸秆和花生秸秆的轻油改质后气体产率几乎相等(5.97~5.99 wt.%)。改
质油的产率是利用差减法算出来的,对于四种秸秆轻油而言,其改质油的产率均在

92 wt.％以上，呈现出很高的回收率。

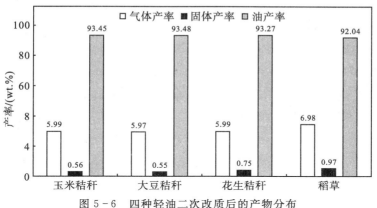

图 5 - 6　四种轻油二次改质后的产物分布

　　图 5 - 7 展示了四种轻油经改质后的产物油的形貌图片。四种改质油均呈现出清澈透明的颜色，尤其是稻草轻油和大豆秸秆轻油的改质油，几乎是无色。花生秸秆轻油的改质油则呈现出浅黄色。四种油均具有极好的流动性。

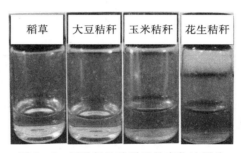

图 5 - 7　四种轻油改质后的产物油照片

5.7　二次改质油和固体残渣的元素分析

　　我们利用元素分析仪对二次改质油和固体残渣的元素组成进行了分析，结果如表 5 - 6 所示。与改质前的轻油相比，除玉米秸秆外，其他三种秸秆的二次改质油的 C 含量均有所增加。而 H 含量并没有明显的变化。但是，二次改质油的 O 含量较改质前的轻油显著下降，由改质前的 1.15～2.39 wt.％降至改质后的 0.31～0.49 wt.％。二次改质油的 H/C 值为 2.03～2.08，相对于改质前略有降低，这是由于二次改质油的 C 含量比改质前略有增加，而 H 含量变化不明显导致。二次改质油的热值为 47.16～49.09 MJ·kg^{-1}，与改质前大致相当。在二次改质油中均检测不出 N 和 S 的含量。其含量可通过 TNS - 3000 定氮定硫仪测试，其变化将在随后进行讨论。

　　与二次改质油相比，固体残渣的 C 含量要更高一些，这主要由于固体残渣中残留了 Pt/C 催化剂，活性炭载体一定程度上推高了固体残渣的 C 含量。固体残渣的 H 含量显著低于二次改质油，仅为 2.60～3.03 wt.%，这意味着固体残渣亦包含着高不饱和度的化合物。在固体残渣中的 N 含量和 O 含量分别为 0.34～0.62 wt.% 和 6.46～7.81 wt.%，这说明改质前轻油中的含氧、氮化合物除转移至气相外，部分也转移到固体残渣中。

表 5-6 二次改质油和固体残渣的元素组成(wt.%)及热值

分类		N	C	H	O	H/C	HHV/(MJ·kg^{-1})
二次改质油	玉米秸秆	—	82.90	14.01	0.48	2.03	47.94
	大豆秸秆	—	81.03	13.90	0.42	2.06	47.16
	花生秸秆	—	83.98	14.55	0.39	2.08	49.09
	稻草	—	82.31	14.22	0.31	2.07	48.07
固体残渣	玉米秸秆	0.54	88.77	2.64	6.46	0.36	32.62
	大豆秸秆	0.34	85.68	2.60	7.81	0.36	31.27
	花生秸秆	0.62	86.65	3.03	7.26	0.42	32.31
	稻草	0.39	86.40	2.63	6.95	0.36	31.72

—未检测到

四种轻油经二次改质后的 N、S 含量同样采用 TNS-3000 定氮定硫仪测试，并与改质前进行对比。测试发现，二次改质油的 S 含量低于检出限。在此仅列出轻油改质前后的 N 含量对比结果，如图 5-8 所示。从图中可以看出，大豆秸秆二次改质油的 N 含量最低，为 26 ppm，相对于改质前的 N 含量(887 ppm)有显著降低。其他三种秸秆轻油经改质后 N 含量也呈现明显的降低趋势，如改质前 N 含量最高(3893 ppm)的花生秸秆轻油经改质后其 N 含量亦降至 503 ppm。综合看来，轻油的二次改质能显著降低其 N、S、O 等杂原子的含量，其中，大豆秸秆轻油的改质结果最为理想。

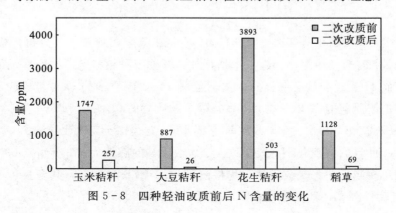

图 5-8 四种轻油改质前后 N 含量的变化

5.8　二次改质油的 GC – MS 分析

图 5 – 9 为四种二次改质油的总离子流图。从图中可以看出，其二次改质油的组分出峰时间均集中于 240～3000 s，较改质前轻油的集中出峰的时间段（2000～4000 s）有显著提前，这意味着二次改质油较改质前的轻油含有更多的低沸点化合物。此外，四种秸秆二次改质油的色谱图均呈现相似的特征，彼此间并没有显著的差别。

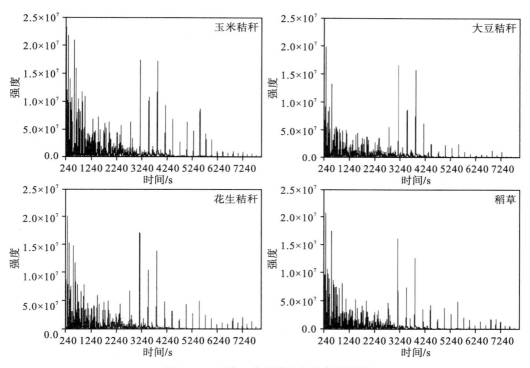

图 5 – 9　四种二次改质油的总离子流图

我们将各色谱峰进行分析鉴定与归类，结果如表 5 – 7 所示。从表中可以看出，二次改质油中烃类占了绝大多数，主要为饱和烃（51.08～61.48 wt.％）和芳香烃（31.98～43.00 wt.％）。其中，大豆秸秆二次改质油中的芳香烃含量最少，为 31.98％，饱和烃含量最多，为 61.48％；而花生秸秆二次改质油恰好相反，芳香烃含量最多，饱和烃含量最少，分别为 31.98％和 61.48％，花生秸秆的二次改质油中的芳香烃含量最多，饱和烃含量最少，分别为 43.00％和 51.08％。四种油中含有少量的不饱和烃，含量在 2.5％～4.5％，可能是一些较难转化的烯烃。轻油中占有较大比例的酚类化合物并未在其改质油中出现。这表明在改质过程中这些酚类化合物极有可能脱去酚羟基转化为芳香烃，或者进一步加氢饱和生成环烷烃。

表 5-7 四种二次改质油的分子组成(峰面积%)

分类	玉米秸秆	大豆秸秆	花生秸秆	稻草
酯	0.31	0.46	0.29	0.50
酮	0.33	0.31	0.18	0.30
酸	0.22	0.13	0.01	0.24
醛	1.31	0.70	0.50	0.50
醚	0.06	0.05	0.35	0.05
醇	2.14	0.86	0.64	0.54
芳香烃	32.06	31.98	43.00	36.55
不饱和烃	4.48	3.00	3.35	2.52
饱和烃	58.21	61.48	51.08	57.26
含 O 化合物	0.18	0.13	0.09	0.06
含 N 化合物	0.05	0.17	0.19	0.33
N, O 化合物	0.51	0.61	0.28	0.98
含 S 化合物	0.01	0.05	0.01	—
S, O 化合物	0.12	0.04	—	0.04
N, S, O 化合物	0.03	0.02	0.03	0.13

我们对四种二次改质油进行了 GC×GC-TOFMS 分析。图 5-10 展示了这四种二次改质油的 GC×GC-TOFMS 总离子流泡状图。图中清晰地展示了不同化合物的流出时间以及在二维柱上的分离情况。最下层为链烃(红色泡所示),往上依次为环烷烃(紫色泡所示)、烯烃(浅绿色泡所示)和芳香烃(粉色泡所示)。不同种类的化合物彼此间区分明显。

我们将二次改质油 GC×GC-TOFMS 分析鉴定出的化合物进行分类,结果如表 5-8 所示。从表中几乎看不到含氮、含氧化合物。烃类在四种二次改质油中均占据了绝大多数,约 75% 为环状化合物,其中环烷烃含量占 25%~30%,芳香烃占 45%~51%。这与秸秆原料的性质有关,秸秆中的木质纤维素主要是由酯键、醚键将含有苯环的单元连接组成,在水热液化过程中,酯键、醚键受热断裂形成大量苯系物。经过改质后,苯系物脱氧加氢生成环烷烃或者芳香烃。

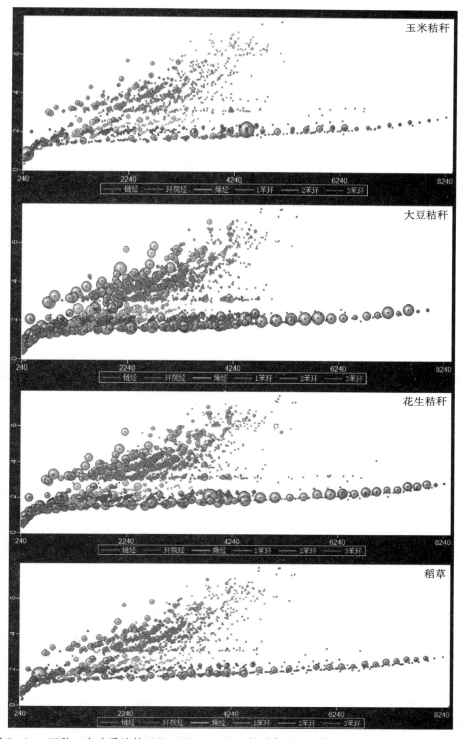

图 5-10　四种二次改质油的 GC×GC-TOFMS 的总离子流泡状图(扫 91 页二维码看彩图)

表 5-8　四种二次改质油的分子组成(峰面积%)

	玉米秸秆	大豆秸秆	花生秸秆	稻草
链烃	12.58	14.28	14.02	15.32
环烷烃	29.78	26.93	24.66	25.32
烯烃	12.99	12.28	9.88	12.22
1苯环	39.15	40.53	43.24	41.25
2苯环	5.90	6.26	8.51	6.57
3苯环	0.09	0.10	0.11	0.11

参考文献

[1] LI R, XIE Y, YANG T, et al. Characteristics of the products of hydrothermal liquefaction combined with cellulosic bio-ethanol process [J]. Energy, 2016, 114: 862-867.

[2] WANG F, LI M, DUAN P, et al. Co-hydrotreating of used engine oil and the low-boiling fraction of bio-oil [J]. Fuel processing technology, 2016, 146: 62-69.

[3] WANG H, MALE J, WANG Y. Recent advances in hydrotreating of pyrolysis bio-oil and its oxygen-containing model compounds [J]. ACS catalysis, 2013, 3: 1047-1070.

[4] MORTENSON P M, GRUNWALDT J D, JENSEN P A, et al. A review of catalytic upgrading of bio-oil to engine fuels [J]. Applied catalysis a: general, 2011, 407: 1-19.

[5] XIU S, SHAHBBAZI A. Bio-oil production and upgrading research: a review [J]. Renewable sustainable energy reviews, 2012, 16: 4406-4414.

[6] FURIMSKY E. Catalytic hydrodeoxygenation [J]. Applied catalysis a: general, 2000, 199: 147-190.

[7] GANDARIAS I, BARRIO V L, REQUIES J, et al. From biomass to fuels: Hydrotreating of oxygenated compounds [J]. International journal of hydrogen energy, 2008, 33: 3485-3488.

[8] ARPA O, YUMRUTAS R, DEMIRBAS A. Production of diesel-like fuel from waste engine oil by pyrolytic distillation [J]. Applied energy, 2010, 87: 122-127.

[9] NAIMA K, LIAZID A. Waste oils as alternative fuel for diesel engine: a review [J]. Journal of petroleum technology and alternative fuels, 2013, 4: 30-43.

[10] AKPA B S, D'AGOSTINO C, GLADDEN L F, et al. Solvent effects in the hydrogenation of 2-butanone [J]. Journal of catalysis, 2012, 289: 30-41.

[11] 冯刚.生物油催化提质合成车用燃料[D].浙江：浙江大学，2015.

[12] HUBER G W，IBORRA S，CORMA A. Synthesis of transportation fuels from bi-omass：chemistry，catalysts，and engineering [J]. Chemical reviews，2006，106：4044 - 4098.

扫描看彩图

第6章 花生秸秆水热液化油低沸点馏分
与废机油耦合改质

热解和水热液化技术被广泛应用于秸秆生物质制备生物油的研究中[1-2]。所得生物油的 C、H 含量和热值尽管较其原料有显著提升，但相比于化石燃料，生物油的高含氧量会导致其酸度高、黏度大和稳定性低，其 N、S 含量会在直接燃烧时产生 NO_x 和 SO_x，造成空气污染[3-4]。这些负面特性成为木质纤维素类生物油直接作为液体燃料应用的障碍。因此，需要对其改质升级以满足作为液体燃料直接使用的质量要求。现行生物油改质方法中，催化加氢是目前普遍采用的一种技术手段。催化加氢通常以氢气为氢源，以贵金属、过渡金属和钼基硫化物为催化剂，通过加氢脱氧（HDO）、加氢脱氮（HDN）和加氢脱硫（HDS），实现原油中 O、N 和 S 杂原子的脱除，通常伴随着烯烃和芳烃的加氢（饱和），进而获得低 O/C 值和高饱和度的高品位生物质液体燃料[5]。溶剂，特别是供氢剂，常被应用于生物油催化加氢改质过程中，以减少传质限制，有效地延缓焦炭前体的形成，并从催化剂孔隙中原位提取焦炭前体[6-7]。然而，这些溶剂在加氢过程中容易发生反应或分解，或需要在加氢处理过程后与产品分离，无疑增加了生物液体燃料的生产成本。因此，适合生物油改质的溶剂须是易获得、廉价且无需从成品油中去除的物质。

作为一种重要的液体废弃物，国家环保局将废机油（UEO）列为 21 世纪环保领域主控的三大污染源（废塑料、废橡胶、废油）之一。充分利用废机油再生还原成品机油，或将废机油精炼成汽油、柴油，既能缓解我国石油短缺与需求日益增长的供需矛盾，又能促进环保、变废为宝，创造可观的经济效益，前景十分广阔。元素分析结果显示，废机油的有效氢值接近 2.0，是一种富氢介质，氧含量低，其主要成分为长链烷烃，根据热解"相似相溶"原理，生物质在其中的热解有望得到烃类物质。此外，废机油中含有一定浓度的清净分散剂，主要作用是使发动机内部保持清洁，使生成的不溶性物质呈胶体悬浮状态，不至于进一步形成积炭、漆膜或油泥。因此，清净分散剂有望在高温下抑制加氢改质过程中积碳的生成。综上，废机油有望成为生物油催化加氢改质的理想溶剂。

基于此背景，本研究采用三段式工艺：①以花生秸秆为原料，经水热液化制得生物油；②生物油再经蒸馏得到低沸点馏分（LBF）；③低沸点馏分再与废机油耦合加氢改质，最终得到改质油（UPO）。我们主要关注第三步，考察催化剂、催化剂用量、UEO/LBF 值，和温度等参数对改质产物回收率和改质油性能的影响。

6.1　实验材料

实验所用花生秸秆来自中国河南省兰考县当地的农田。原料使用前在 105 ℃下干燥 12 h 后用粉碎机粉碎，并过 100 目筛后置于自封袋中密封保存备用。其工业分析和元素组成如 6-1 所示。所有催化剂均来自 Sigma-Aldrich 公司，购买后直接使用，其相关性能如表 6-2 所示。实验过程中所用的去离子水为实验室自制，所用的二氯甲烷和其他化学药品均购买于试剂公司。废机油购买于中国河南省焦作市当地的一家汽修店。

表 6-1　花生秸秆的工业分析和元素组成（wt. %，干基）

工业分析					元素组成				
挥发分	脂质	固定碳	灰分	水分	C	H	N	S	O
76.2	2.1	7.9	15.9	8.0	40.28	5.35	0.93	0.08	24.66

花生秸秆水热液化使用容积为 1000 mL 的不锈钢高压反应釜，采用电加热方式。蒸馏过程亦使用同样的反应釜，得到 400 ℃之前的馏分。LBF 与 UEO 耦合加氢改质使用容积为 35 mL 的不锈钢高压反应釜。采用盐浴加热，所用的盐浴为质量比为 5∶4 的工业级硝酸钾和硝酸钠的混合熔融盐浴。

表 6-2　催化剂组成与性质

催化剂	组成	BET 表面积/（m² · g⁻¹）	金属分散度/%
Pd/C	Pd (5 wt. %)	888	39.4
Pt/C	Pt (5 wt. %)	419	5.4
Ru/C	Ru (5 wt. %)	966	23.2
Rh/C	Rh (5 wt. %)	980	21.0
Ir/C	Ir (5 wt. %)	861	11.0
活性炭	—	450	—

6.2　实验流程

实验开始之前，向反应釜内加入去离子水，在 400 ℃下加热 1 h 来移除新反应釜内的残留物质。将反应釜用丙酮清洗，并在空气中晾干备用。

首先进行水热液化反应制备生物油。取 150 g 花生秧粉末和 400 mL 去离子水,放入 1000 mL 的反应釜中,密封。将釜温升至 310 ℃,反应 1 h。反应结束后,将反应釜置于冷水中猝灭反应。待反应釜温度降至室温,打开反应釜并收集反应釜内混合物。使用二氯甲烷萃取混合物内有机物。过滤除去固体残渣,分液除去水相。最后,使用旋转蒸发仪(旋蒸温度 35 ℃,终止真空度 0.09 MPa)除去二氯甲烷溶剂。最终得到的具有烟熏味的棕黑色黏稠液体,即为生物油。

蒸馏过程与水热液化过程使用的反应釜相同。将 315 g 生物油加入 1000 mL 的反应釜中,密封并在出气口接入冷凝管,通冷凝水。缓慢升温,收集冷凝液。温度升至 400 ℃ 时停止加热并维持温度,直至冷凝口不再有液体流出。将收集所得冷凝液分液除去水层,并使用无水硫酸镁干燥。最终所得即低沸点部分(LBF)。

将废机油(UEO)与低沸点部分(LBF)混合,装入 35 mL 的高压反应釜中,加入一定量的催化剂,密封反应釜。将阀门打开,通入 H_2 来排除反应釜内部空气。然后充入 6 MPa H_2,关闭阀门。将反应釜超声 30 min 以充分混合反应釜内物质。将反应釜放入预热好的盐浴中,升至反应温度并维持一定的反应时间。反应结束后,移出反应釜并放入凉水中迅速冷却。待温度降至室温,称取反应釜的质量后,打开放气阀排气,称取排气后反应釜的质量,排气前后反应釜的质量差,再减去 H_2 的初始装载质量(0.28 g)即为气体质量。打开反应釜,使用 30 mL 二氯甲烷,分三次清洗并收集其中混合物。将所得混合物进行抽滤(抽滤所用滤纸干燥至恒重后称取质量)。抽滤后剩余固体残渣用 70 mL 二氯甲烷冲洗,至滴下的溶液为淡黄色停止,固体残渣连同滤纸转移至 105 ℃ 干燥箱中干燥至恒重,固体产物质量等于滤纸和固体残渣(含催化剂)总质量减去滤纸和催化剂的质量。滤液用 50 mL 圆底烧瓶分两次旋蒸(旋蒸温度 35 ℃,终止真空度 0.09 MPa),以除去溶剂二氯甲烷。烧瓶内剩余液体即为改质油(UPO)。旋蒸前后烧瓶的质量差即为改质油的质量。各产物产率计算公式如下。

$$改质油产率(wt.\%)=[改质油质量/(UEO+LBF)质量]\times100\% \qquad (6-1)$$

$$固体产率(wt.\%)=[固体质量/(UEO+LBF)质量]\times100\% \qquad (6-2)$$

$$气体产率(wt.\%)=[气体质量/(UEO+LBF)质量]\times100\% \qquad (6-3)$$

UEO 和 LBF 之间的协同促进作用(SE)计算公式如下:

$$SE(wt.\%)=Y-[Y_w\times X_w+(100-X_w)\times Y_L] \qquad (6-4)$$

式中,Y 代表 UEO 和 LBF 共同改质所得 UPO 的产率;Y_w 和 Y_L 分别代表 UEO 和 LBF 单独改质所得 UPO 的产率;X_w 代表 UEO 在混合原料中的质量比。

改质油的 GC - MS 分析通过装备有自动进样器和自动检测器的安捷伦 7890C 气相色谱仪与质谱检测仪(5975C)联合使用来实现。Agilent J&W DB - 5HT 非极性毛细管柱(30 m×0.25 mm I.D. × 0.10 μm)用以分离样品组分。每次进样量为 2 μL,进样温度以及分离比例分别为 300 ℃ 和 3:1。溶剂延迟时间为 2 min,以保护灯丝。初始柱温设为 40 ℃,并保持 4 min。随后以 4 ℃·min^{-1} 的速度上升到 300 ℃ 并保持 4 min。整个过程的运行时间为 73 min。过程中以氦气为载气,并保持载气流速为 3 mL·min^{-1}。通过与电子图谱库进行匹配来对化合物进行确定。

油的总酸值(TAN)是手动滴定法测定,滴定液为 $0.1\ mol \cdot g^{-1}$ 的 KOH 溶液。用异丙醇与甲苯体积比为 1∶1 的溶剂来溶解油。取一定量的油加入溶剂中,滴一滴酚酞指示剂(酚酞与甲醇的质量体积比为 0.5%wt./v),摇晃锥形瓶使其溶解均匀,滴加滴定液的同时观察指示剂颜色,颜色有明显变化时滴定终止,记下滴定液用量。TAN 计算方法如下:

$$\text{TAN}(mg\ KOH \cdot g^{-1}) = 滴定液用量/油质量 \qquad (6-5)$$

改质油以及实验用到原料(秸秆、生物油、低沸点馏分和废机油)的元素分析(C、H、N、S 和 O)在 FLASH 2000 自动元素分析仪(Thermo Fisher Scientific,USA)上进行。

6.3　花生秸秆水热液化与生物油蒸馏的产物分布

在生物油制备过程中,2100 g 花生秸秆在 1000 mL 间歇式高压釜反应器中进行了十余次独立的水热液化过程,产生了约 315 g 的生物原油,其油产率为 15 wt.%。这是由于花生秸秆主要由纤维素、半纤维素和木质素组成,在水热条件下较难分解,故导致生物油产量较低。所得生物油是一种类似焦油的物质,由于沥青质含量高,在室温下非常黏稠。它还含有大量的氧(14.30 wt.%,见表 6-3),以及较多的氮(2.74 wt.%)和硫(0.25 wt.%)。其 TAN 为 12.51 mg KOH · g^{-1},其能量回收率约为 31%。

表 6-3　生物油、LBF、UEO 以及不同参数下获得的改质油的元素组成(wt.%)

Oils	TAN /mg KOH · g^{-1}	O	N	C	H	S	N,O,S total	H/C	ER /%	HHV /(MJ · kg^{-1})
Crude Bio-oil	12.51	14.30	2.74	74.96	8.03	0.25	17.29	1.25	30.55	34.32
LBF	7.88	9.00	2.55	74.66	9.73	0.20	11.75	1.56		38.40
UEO	1.13	1.29	0.34	83.77	14.07	0.29	1.92	2.02		48.20
UEO/LBF (2∶1)	3.38	3.86	1.08	80.73	12.62	5.20	5.20	1.87		44.93
催化剂类型 (380 ℃,60 min,10 wt.%,UEO/LBF 2∶1,6 MPa H_2)										
No cat.	1.17	1.34	0.74	83.96	13.79	0.17	2.25	1.97	88.16	47.84
Rh/C	0.79	0.90	0.34	84.66	14.06	0.08	1.32	1.99	92.79	48.54
Ir/C	0.81	0.93	0.46	84.49	13.98	0.10	1.49	1.99	89.93	48.36
Pt/C	0.70	0.80	0.40	84.63	14.07	0.10	1.30	2.00	90.52	48.57
C	1.11	1.27	0.66	84.24	13.73	0.10	2.03	1.96	89.73	47.86
Ru/C	0.76	0.87	0.47	84.97	13.54	0.11	1.45	1.91	91.22	47.91
Pd/C	0.81	0.92	0.56	85.40	13.04	0.09	1.57	1.83	86.91	47.33

续表

Oils	TAN /mg KOH·g⁻¹	O	N	C	H	S	N, O, S total	H/C	ER /%	HHV /(MJ kg⁻¹)
催化剂装载量（wt. %）(380 ℃, 60 min, UEO/LBF 2∶1, 6 MPa H₂)										
1	0.88	1.00	0.45	85.08	13.40	0.07	1.52	1.89	89.47	47.72
5	0.81	0.92	0.42	85.05	13.54	0.08	1.42	1.91	95.30	47.93
10	0.79	0.90	0.34	84.66	14.06	0.08	1.32	1.99	92.79	48.54
15	0.57	0.88	0.32	85.19	13.47	0.06	1.26	1.90	91.42	47.87
20	0.24	0.88	0.31	85.33	13.43	0.05	1.18	1.89	90.78	47.89
30	0.15	0.88	0.24	85.62	13.07	0.05	1.17	1.83	87.07	47.45
UEO/LBF 质量比（380 ℃, 60 min, 10 wt.%Rh/C, 6 MPa H₂)										
3∶0	0.34	0.39	0.00	85.63	13.95	0.05	0.44	1.95	90.13	48.80
2.5∶0.5	0.68	0.78	0.33	85.20	13.67	0.06	1.17	1.93	93.51	48.18
2∶1	0.79	0.90	0.34	84.66	14.06	0.08	1.32	1.99	92.79	48.54
1∶2	1.54	1.76	0.70	84.60	12.86	0.07	2.53	1.82	80.18	46.66
0.5∶2.5	2.60	2.97	1.28	84.20	11.45	0.06	4.31	1.63	78.99	44.29
0∶3	3.26	3.72	1.61	82.89	10.81	0.06	5.39	1.57	76.90	42.80
温度(℃)（60 min, 10 wt.%Rh/C, UEO/LBF 2.5∶0.5, 6 MPa H₂)										
350	0.81	0.92	0.73	84.57	13.73	0.08	1.73	1.95	97.63	48.03
380	0.68	0.78	0.33	85.20	14.17	0.06	1.17	2.00	94.89	48.90
410	0.63	0.72	0.32	84.88	14.04	0.03	1.07	1.99	89.99	48.61
430	0.60	0.72	0.30	85.43	13.88	0.03	1.05	1.96	74.41	48.43

生物油在 400 ℃下进行蒸馏后分为三个部分：低沸点馏分（沸点小于 400 ℃）、水相和固体残渣。其产率依次为 30 wt. %、54 wt. %和 16 wt. %。低沸点馏分在室温下流动性好，其 N、O、S 含量均低于生物原油（见表 6－3）。水相主要由水、有机酸和其他含氧化学物质组成。残渣中含有几种高沸点物质，如沥青质，这些物质不易蒸馏。这些残渣经适当处理后可作为活性炭使用。

6.4　反应参数对耦合改质产物分布的影响

6.4.1　催化剂种类

我们首先考察不同催化剂种类对 LBF 与 UEO 耦合改质产物分布的影响。选取活性炭负载的五种贵金属（Rh、Ir、Pt、Ru、Pt）以及单独使用活性炭作为催化剂。并选用未使用催化剂改质的实验结果进行对照。所有实验均在 380 ℃，6 MPa H₂的氛围中进行 60 min，催化剂添加量 10 wt.％，UEO 与 LBF 的质量比设置为 2g/1g。图 6-1 展示了不同催化剂种类对耦合改质产物分布的影响。从图中可以看出，不同催化剂种类下改质产物的质量回收率在 91.07～97.12 wt.％。质量损失主要发生在各产物的处理环节，尤其是油的旋蒸环节。

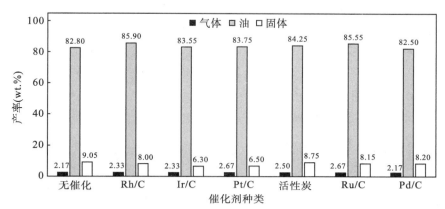

反应条件：380 ℃，6 MPa H₂，60 min，催化剂添加量 10 wt.％，UEO/LBF 质量比为 2 g/1 g

图 6-1　催化剂种类对 UEO 和 LBF 耦合加氢改质的产物分布的影响

　　图 6-1 表明，改质油在改质产物中的含量最为丰富，回收率为 82.50～85.90 wt.％。其中无催化条件下所得改质油产率为 82.80 wt.％。贵金属催化剂或催化剂载体（活性炭）的加入从根本上有利于提高改质油的产率。但从图中看出，催化条件下改质油的产率与无催化相比提升得并不明显。在 Pd/C 催化的反应中，改质油产率为 82.50 wt.％，甚至略低于无催化改质的油产率；Rh/C 催化改质的油产率为 85.90 wt.％，是所有催化剂中最高的。在微藻的催化临氢热解反应中，选用 Rh/C 作为催化剂也获得了最高的油产率[9]。紧随其后的是 Ru/C 催化剂，对应的改质油产率为 85.55 wt.％。结合催化剂的比表面积和金属分散度的数值，我们发现，具有高比表面积和适度金属分散度的催化剂往往能获得最高的改质油产率。需要注意的是，如果某催化剂能够在加氢改质中获得更高质量的改质油（更低的 O、N 和 S 含量），那么即使改质油的产率低些亦是可以接受的。虽然这几种催化剂催化的反应得到的改质油产率非常相似，甚至和无催化反应的改质油产率大致相当。但其改质油的颜色和表观黏度却因催化剂种类不同而呈现显著的差异。图 6-2 展示了不同类型催化剂催化的反应所得改质油的形貌图片。用贵金属催化所得的改质油具有更好的流动性，黏度也比未催化或活性炭催化所得的改质油低。如图所示，未使用催化剂或使用活性炭催化所得改质油呈棕黑色，而使用贵金属催化剂催化所得改质油则为黄褐色。在测试的贵金属催化剂中，Pt/C 生产的改质油颜色最深。

　　如图 6-1 所示，固体产率为 6.30～9.05 wt.％。其中无催化反应所得的固体产率最大，为 9.05 wt.％，紧随其后的是活性炭催化反应，所得固体产率为 8.75 wt.％。这说明无催化反应的固体产率总是大于催化反应获得的固体产率。此外，与单独使用活性炭相比，活性炭负载的金属也有助于减少固体产率。固体主要由焦和灰分组成，其元素组成如表 6-4 所示。从表中可以看出，除了无催化和活性炭催化之外，所有贵金属催化剂催化产生的固体均含有相似的元素组成，其 C 含量也远高于前两者的值。对于贵金属催化剂而言，金属分散度越大，其催化反应所得固体中的碳含量就越大。Pd/C 催化剂的金属分散度最高，为 39.4％，其催化反应所得的固体中的 C 含量也最高，为 77.38 wt.％。在贵金属催化剂催化过程中，贵金属通常通过促进脱氢和氢化反应来发挥着双重作用。高氢气分压可以促进氢化反应，减少焦前驱体的形成[9]。相反，脱氢反应则加速聚合反应，生成焦炭前体，最终生成焦炭[10]。这似乎表明高金属分散度的贵金属催化剂有利于脱氢反应，而低金属分散度的贵金属催化剂有利于加氢反应。因此，金属分散度在耦合加氢改质过程中对焦的形成量起着非常重要的作用。

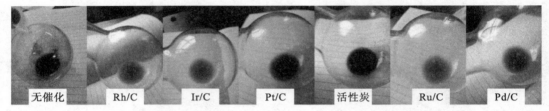

图 6-2　不同类型催化剂催化加氢反应所得改质油的形貌照片（查看彩图扫 91 页二维码）

表 6-4　不同反应条件下所得固体的元素组成（wt.％，干基）

固体	C	H	N	S
催化剂类型（380 ℃，60 min，10 wt.％，UEO/LBF 2∶1，6 MPa H₂）				
无催化	24.05	2.01	1.59	1.82
Rh/C	61.72	2.52	1.05	0.51
Ir/C	69.65	2.37	1.02	0.23
Pt/C	65.33	2.06	0.81	0.48
C	46.21	1.40	0.94	0.57
Ru/C	70.75	2.40	0.59	0.44
Pd/C	77.38	2.78	0.79	0.36
催化剂装载量（wt.％）（380 ℃，60 min，UEO/LBF 2∶1，6 MPa H₂）				
0	24.05	2.01	1.59	1.82
1	31.53	2.56	1.91	1.62
5	57.56	2.57	1.54	0.58

续表

固体	C	H	N	S
10	61.72	2.52	1.05	0.51
15	69.47	3.10	0.82	0.60
20	74.91	2.43	0.87	0.37
30	76.94	3.28	0.76	0.38
UEO/LBF 质量比（380 ℃，60 min，10 wt.%Rh/C，6 MPa H_2）				
3∶0	74.30	2.72	0.51	0.98
2.5∶0.5	65.84	2.67	0.67	0.69
2∶1	61.72	2.52	1.05	0.51
1∶2	55.64	2.07	1.49	0.49
0.5∶2.5	55.83	2.96	2.91	0.35
0∶3	59.97	2.95	2.10	0.00
温度/℃（60 min，10 wt.%Rh/C，UEO/LBF 2.5∶0.5，6 MPa H_2）				
350	48.25	2.27	0.58	0.11
380	65.84	2.67	0.67	0.69
410	65.84	2.67	0.67	0.69
430	71.38	2.84	0.84	0.42

如图 6-1 所示，在耦合加氢改质过程中，气体产物的产率为 2.17～2.67 wt.%，通常是由 CO_2、CO、CH_4 和未反应的 H_2 组成。且气体产率对催化剂类型不敏感，说明气体的生成过程主要受热控制。

综合考虑改质油的产率、品质（颜色、黏度、元素组成）和能量回收率（ER）等因素，认为 Rh/C 是 UEO 和 LBF 耦合加氢改质的最优催化剂，在随后的实验中将选用 Rh/C 作为催化剂。

6.4.2　催化剂添加量

在确立 Rh/C 为最优催化剂后，将探讨其添加量对耦合加氢改质的产物分布的影响。图 6-3 列举了 380 ℃，60 min，UEO 与 LBF 质量比为 2g/1g，以及 6 MPa H_2 时，催化剂 Rh/C 的添加量对于改质产物分布的影响。如图 6-3 所示，催化剂添加量由 0 增加至 5 wt.%时，改质油产率由 82.80 wt.%迅速增加到 89.35 wt.%。继续增加催化剂添加量后，改质油产率总体呈现逐渐降低的趋势。当催化剂添加量达到最大值 30 wt.%时，改质油产率降至最低，为 82.45 wt.%。在催化剂添加量小于 5 wt.%时，尤其是无催化剂添加时，改质油产率相对较低的最有可能的原因是改质油倾向于黏在反应釜壁和管道上造成损失。但是，在较高的催化剂添加量下，会形成更多的轻质馏分，这些馏分在溶剂蒸发过程中很容易丢失，从而导致较低的改质油产率。此外，较高的催化剂添加量有利于脱氮、除氧和脱硫，这也降低了改质油的产率。因此，不应仅以改质油产率作为最优催化剂添加量的考量。

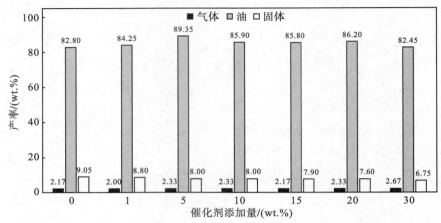

反应条件：380 ℃，6 MPa H₂，60 min，Rh/C 催化剂，UEO/LBF 质量比为 2 g/1 g

图 6-3　催化剂添加量对 UEO 和 LBF 耦合加氢改质的产物分布的影响

　　图 6-4 为不同催化剂添加量催化反应所得改质油的形貌照片。从图中可以看出，催化剂添加量的增加使改质油的颜色变浅。其原因可能是 Rh 对脱色反应的催化作用或活性炭载体对生物油中色素的吸附作用。从图中可以看出，在催化剂添加量增加为 10 wt.％时，改质油的颜色变化更为显著。尽管催化剂添加量继续增加会促使改质油颜色变得更浅，但从经济成本考虑，催化剂添加量为 10 wt.％时更为妥当。

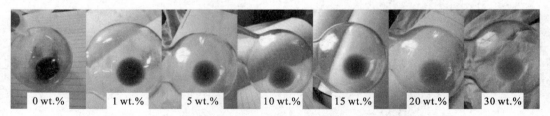

图 6-4　不同催化剂添加量催化加氢反应所得改质油的形貌照片（查看彩图扫 91 页二维码）

　　总体而言，固体产率随着催化剂添加量的增加而降低，由无催化剂添加时的 9.05 wt.％降至催化剂添加量为 30 wt.％时的 6.75 wt.％。这是因为较高的催化剂添加量很可能会显著促进氢气的吸附和焦炭前驱体的氢化，从而延缓聚合或缩合反应。气体产率对催化剂负载不敏感。即使在 0.3 kg$_{Rh/C}$/kg$_{进料}$ 的最高催化剂负载下，也仅观察到气体产率的轻微增加，这再次表明气体生产过程主要受热控制。

6.4.3　UEO 与 LBF 质量比

我们在 380 ℃，60 min，6 MPa H₂ 和 Rh/C 催化剂添加量为 10 wt. ％时，考察了 UEO 与 LBF 质量比对改质产物分布的影响。UEO 与 LBF 的质量比从 3 g/0 g 变化至 0 g/3 g，其中 3 g/0 g 和 0 g/3 g 分别代表纯 UEO 和纯 LBF 的催化加氢改质。图 6 - 5 列举了 UEO 与 LBF 不同质量比对改质产物分布的影响规律。显然，UEO 与 LBF 的质量比显著影响了改质产物的产率。LBF 在反应混合物中的比例的提升降低了改质油的产率。纯 UEO 和纯 LBF 经催化加氢处理后的改质油产率分别为 89.03 wt. ％和 69.00 wt. ％。UEO 的组成取决于其初始油的成分和降解程度。通常，UEO 是脂肪烃、芳香烃和烯烃的复杂混合物，其中脂肪烃占 99％[11]。在 380 ℃时脂肪烃是稳定的，故在纯 UEO 的加氢改质过程中，可以获得较高的改质油产率。LBF 主要由芳香烃构成（见表 6 - 5）。这些芳香烃在高温反应条件下易结焦，导致改质油产率较低。当 UEO 与 LBF 的质量比为 2.5 g/0.5 g 时，提高的原油回收率略高于单独使用 UEO 的原油，说明在共加氢处理过程中发生了正协同效应。当 UEO 与 LBF 的质量比值从 2 g/1 g 降至 1 g/2 g 时，改质油产率急剧下降，由 80.30 wt. ％降至 71.60 wt. ％。此后，继续增加 LBF 在混合物中的比重，改质油的产率几乎不发生变化。

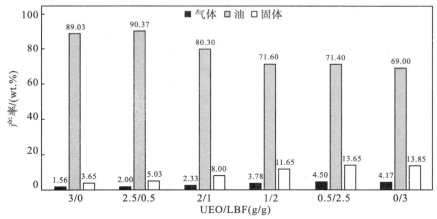

反应条件：380 ℃，6 MPa H₂，60 min，Rh/C 催化剂添加量 10 wt. ％

图 6 - 5　UEO 和 LBF 质量比对耦合加氢改质的产物分布的影响

改质油的颜色也与 UEO 与 LBF 的比值有关。图 6 - 6 为不同 UEO 与 LBF 质量比下加氢处理所得改质油的形貌图片。从图中可以看出，纯 UEO 加氢处理产生的改质油呈现非常浅的黄色，而纯 LBF 加氢处理所得改质油呈现红棕色。

从图 6 - 5 中可以看出，固体产率随着 UEO 和 LBF 的质量比值的降低而增加。其产率由纯 UEO 时的 3.65 wt. ％增加至纯 LBF 时的 13.85 wt. ％。这是由于催化加氢反应中，LBF 在反应混合物中的比例的增加，使焦前驱体的浓度增加，从而促使固体产

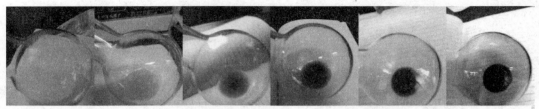

UEO/LBF=30 g/0 g UEO/LBF=2.5 g/0.5 g UEO/LBF=2 g/1 g UEO/LBF=1 g/2 g UEO/LBF=0.5 g/2.5 g UEO/LBF=0 g/3 g

图 6-6　不同 UEO 与 LBF 质量比下催化加氢反应所得改质油的形貌照片

率的增加。当 UEO 与 LBF 的质量比值从 2 g/1 g 降至 1 g/2 g 时,固体产率急剧增加,由 8.00 wt.% 增至 11.65 wt.%。在假定 UEO 和 LBF 之间没有相互作用的情况下,混合反应物中加氢改质的固体产率应等于根据纯 UEO 和 LBF 单独加氢改质中所得固体产率,依据其权重计算的平均值。基于此,当 UEO 和 LBF 质量比分别为 2.5 g/0.5 g,2 g/1 g,1 g/2 g 和 0.5 g/2.5g 时,计算出的固体产率应分别为 5.35 wt.%、7.05 wt.%、10.45 wt.% 和 12.15 wt.%。将其与实际固体产率比较后不难发现,只有当 UEO 和 LBF 质量比为 2.5 g/0.5 g 时,实际固体产率才小于其理论固体产率,这也说明了此时 UEO 和 LBF 间在抑制积碳形成和降低固体产率间存在着正的协同效应。

　　气体产率也随着 UEO 和 LBF 的质量比值的降低而增加。其产率由纯 UEO 时的 1.56 wt.% 增加至纯 LBF 时的 4.17 wt.%。这表明在催化加氢改质中 LBF 比 UEO 更容易气化。

　　图 6-7 列举了不同 UEO 与 LBF 质量比下二者间对加氢改质产物的协同效应。如图所示,仅当 UEO 与 LBF 质量比为 2.5 g/0.5 g 时,二者间在改质油产率上才存在着明显的正协同效应。在减少固体产率上,二者也存在一定的正协同效应。结合图 6-5 和图 6-7 结果可得,UEO 与 LBF 的质量比为 2.5 g/0.5 g 时,更有利于 UEO 与 LBF 混合体系的改质升级。

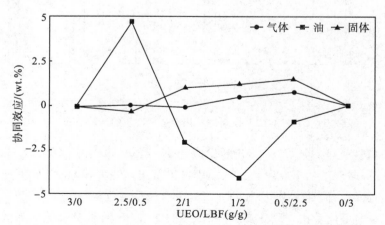

图 6-7　不同 UEO 与 LBF 质量比下两者对加氢改质产物的协同效应

6.4.4　温度

通常，生物油的加氢改质过程主要受热控制。因此温度亦是要考察的重点参数。我们在 60 min，6 MPa H$_2$，UEO 和 LBF 质量比为 2.5 g/0.5 g 以及 Rh/C 催化剂添加量为 10 wt.％时，考察温度对加氢改质产物分布的影响，结果如图 6-8 所示。正如预期的那样，随着温度从 350 ℃升高到 430 ℃，改质油的产率从 94.65 wt.％显著降低到 71.55 wt.％。其中，当温度由 410 ℃升高到 430 ℃时，其产率下降的最为明显。这是因为在较高温度下混合物发生了严重的裂化反应，从而增加了轻质油馏分的产量。这些轻质馏分在溶剂蒸发过程中很容易丢失，导致改质油产率显著降低。430 ℃时各产物产率之和低于 80 wt.％，意味着此温度下质量损失超过 20 wt.％，很可能是由轻质馏分在溶剂蒸发过程中损失所致。

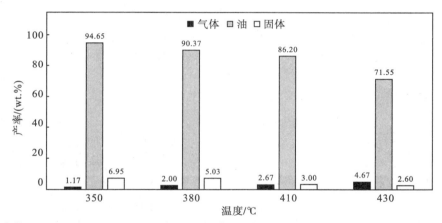

反应条件：6 MPa H$_2$，60 min，UEO 与 LBF 的质量比为 2.5g/0.5g，Rh/C 催化剂添加量 10 wt.％

图 6-8　温度对耦合加氢改质的产物分布的影响

图 6-9 为不同温度下加氢处理所得改质油的形貌图片。从图中可以看出，温度越高，所得改质油的颜色越浅。

图 6-9　不同温度下催化加氢反应所得改质油的形貌照片

通常，提高温度会增加油中的聚合或缩合反应，从而导致更高的固体产率[12]。然而，在本研究中，固体产率却从 350 ℃时的 6.95 wt.％下降到 430 ℃时的 2.60 wt.％。

因此，我们怀疑是 UEO 中洗涤剂和分散剂的存在对控制焦炭的形成起了重要作用，而温度越高时，这种作用越明显。当温度从 350 ℃升高到 430 ℃时，气体产率从 1.17wt.％增加到 4.67wt.％，这说明温度升高促进了油中的裂解反应，从而生成了更多的气体。

6.5　改质油的性质表征

6.5.1　元素分析

表 6-3 比较了花生秸秆生物油、LBF、UEO 以及不同参数下 LBF 与 UEO 耦合加氢处理所得改质油的 TAN、元素组成、热值和能量回收率（ER）。ER 指的是生物油和改质油的能量分别相对于花生秸秆和耦合改质原料（UEO＋LBF）的能量百分比。相对于改质前的原料混合物，改质油的 C 和 H 含量有所提高，而 N、O、S 的含量则大幅降低。

与初始原料混合物（UEO 与 LBF 质量比为 2 g/1 g，见表 6-3，相比未添加催化剂时所得改质油含 H 和 C 含量明显更高，N、O 和 S 含量较低。改质油的 TAN 值较改质前下降了约 65％，表明在改质过程中一些酸性化合物被脱除。

催化剂载体本身（活性炭）对初始原料混合物的脱氮、除氧和脱硫几乎没有催化活性，对比活性炭催化与未添加催化剂时所得改质油，不难发现，活性炭催化所得改质油与未添加催化剂所得改质油的元素组成十分相似。相比之下，所有贵金属都表现出对初始原料混合物的脱氮、除氧和脱硫的催化活性。从表 6-3 中不难看出，贵金属催化剂催化下所得改质油与未添加催化剂时相比，具有明显更低的 O、N 和 S 含量。其中，Pt/C 和 Rh/C 在杂原子脱除方面呈现出最好的性能。Rh/C 的脱氮脱硫活性最高，Pt/C 的除氧性能最好。虽然 Pd/C 催化剂的金属分散性最高（39.4％，见表 6-2），但在去除杂原子方面表现出最弱的性能，这也说明催化剂的 BET 表面积和金属分散度与其杂原子脱除相关的催化活性并无明显关系。然而，似乎又呈现出一个规律，即最外层有一个电子的金属在去除杂原子方面表现出很高的性能。相比之下，Pd 最外层有 10 个电子，其杂原子脱除的性能相对要差一些。不同催化剂对 UEO 和 LBF 的混合物进行催化加氢所得改质油的能量回收率为 86.91％～92.79％。其中，Rh/C 催化剂催化的反应获得了最高的改质油产率和热值，因此也获得了最高的能量回收率。并且，所有改质油的热值均高于产油的热值，即 44.8 MJ/kg[13]。催化剂对改质油中 TAN 值与 O 含量产生着相似的影响。

从表 6-3 也可看出，在耦合催化加氢处理过程中，催化剂添加量的增加有利于从初始原料混合物中脱除杂原子。当催化剂添加量增加到原料混合物的 15 wt.％时，所得改质油的 O、N、S 含量分别降低到 0.88 wt. %、0.32 wt. % 和 0.06 wt. %。当继续增加催化剂添加量时，改质油的 N 含量进一步下降，但 O 和 S 含量并没有明显的变化。但是，TAN 值随催化剂添加量的增加而单调下降。当催化剂添加量为原料混合物的 30 wt. % 时，TAN 值仅为 0.15。关于 TAN 值下降而 O 含量并没有明显变化的现象，其原因或许是在改质过程中，O 以 H_2O 的形式脱除，然后重新并入油中，从而抵消了 O 的减少。在之前的藻类生物油的改质升级研究中也观察到了类似结果[14]。当催化剂负载量大于 15 wt. % 时，ER 也会降低，这是由于改质油产率降低导致的。

UEO 与 LBF 的质量比对改质油的元素组成影响显著，这主要是因为 UEO 与 LBF 间元素组成存在显著差异。相对于 UEO，LBF 具有更低的 C、H 含量和热值，以及更高的杂原子含量和 TAN 值。UEO 与 LBF 的质量比的降低会增加初始原料混合物中的 N、O 和 S 含量，从而导致改质油中的杂原子含量的增加。我们注意到随着 UEO 与 LBF 的质量比的降低，改质油的 TAN 值，N、O 和 S 总含量等均是单调递减的，同时我们也注意到在 UEO 与 LBF 的质量比为 2 g/1 g 时，改质油的 H 含量、H/C 值和热值较前一个比值略有增加，这也似乎印证了 UEO 与 LBF 间在一定比例下对于改善改质油的品质方面具有一定的正协同作用。不过，随着 UEO 与 LBF 的质量比的降低，表中各项数据的值愈发接近于 LBF 单独加氢处理所得改质油的值。由于纯 UEO 催化加氢所得改质油的 N 含量为 0，因此原料混合物催化加氢后的改质油中的 N 含量应主要来自 LBF。UEO 与 LBF 的质量比降低通常会降低改质油的产率，应该也会导致 ER 值的降低。

总体上，升高温度有利于脱氧、脱氮和脱硫反应的进行。如表 6-3 所示，当温度从 350 ℃ 升高到 380 ℃ 时，改质油中的 N 和 O 含量显著降低。当温度继续升高时，改质油中杂原子含量趋于平缓。

综合看来，UEO 与 LBF 耦合催化加氢处理工艺对改质油的元素组成主要有以下影响：C 和 H 含量增加，而 N、O 和 S 含量减少。但是 S 的含量仍超过美国材料与试验学会(ASTM)的标准。过量的 N 和 S 含量将导致改质油作为燃油在普通发动机中燃烧时产生 SO_x、NO_x 以及烟尘。因此，若将其用作液体运输燃料，则需要对其进行额外的处理，以进一步降低油品中的 N 和 S 含量。此外，十六烷值的测定是确定改质油是否可以用作运输燃料的基础。因此，我们仍在努力完善改质油的表征，并计划进行更多的尝试，以获取符合液体运输燃料标准的改质油。

6.5.2　GC-MS 分析

我们对改质油进行了 GC-MS 分析，以了解其中存在的特征分子及其含量。由于 UEO 和 LBF 质量比对改质油产率和性质有显著影响，在此仅对不同 UEO 与 LBF 质量比下所得的改质油进行了分析，并将鉴定出的特征化合物进行了归类，结果如表 6-5 所示。由于某些化合物被同时归入到多个类别(例如，酚类化合物既是芳香族化合物又是含氧化合物），表中的峰面积之和不一定等于 100％。

表 6-5　380 ℃，60 min，10 wt.％Rh/C，6 MPa H_2 时不同 UEO 与 LBF 质量比下所得改质油的
分子组成　　　　　　　　　　　　单位：峰面积％

种类	3 g/0 g	2.5 g/0.5 g	2 g/1 g	1 g/2 g	0.5 g/2.5 g	0 g/3 g
脂肪酸	8.42	1.97	2.9	1.78	0.24	1.19
酰胺	1.19	0.61	0.00	0.44	0.00	0.37
饱和脂肪烃	69.89	70.01	61.22	44.86	35.73	31.46
饱和脂肪烃(C>22)	33.57	27.87	18.41	6.50	2.25	0.64
不饱和脂肪烃	4.65	12.28	18.51	34.77	32.91	30.50
芳香族化合物	4.75	11.74	18.38	43.56	56.91	61.23
含 N 化合物	2.53	1.09	3.68	1.64	4.83	5.94
含 O 化合物	17.92	13.64	13.05	17.34	27.17	33.14
含 N，O 化合物	2.53	0.95	2.27	0.80	1.11	1.73

　　从表中可以看出，纯 UEO 加氢后所得改质油以饱和烃和含氧化合物为主，其峰面积之和几乎达到了总峰面积的 90％。当 UEO 与 LBF 质量比为 2.5 g/0.5 g 时，得到的改质油中的饱和烃含量最高，为 70.01％。降低 UEO 与 LBF 质量比也使改质油中饱和烃含量降低。这些饱和烃由碳链长度为 10～30(C10—C30)的脂肪烃组成。我们重点考察了 C22 以上的脂肪烃，并且发现 UEO 与 LBF 质量比越高，改质油中 C22 以上的脂肪烃含量越高，这可能会成为改质油作为燃料使用的问题之一。随着 UEO 与 LBF 质量比的降低，改质油中不饱和烃含量增加，其中芳烃和烯烃是主要的不饱和烃。纯LBF 经催化加氢所得改质油主要由芳香族化合物、饱和烃和含氧化合物组成。随着LBF 在原料混合物中的比重增加，改质油中芳香族化合物的含量增加。芳香族化合物主要由苯和苯酚及其衍生物组成。酚类物质主要来自木质素的分解，而木质素是花生秸秆的主要成分[15]。总的来说，GC-MS 分析结果与元素分析结果是一致的。

参考文献

[1] AQSHA A，TIJANI M M，MAHINPEY N. Catalytic pyrolysis of straw biomasses (wheat，flax，oat and barley straw) and the comparison of their product yields [J]. Energy production and management in the 21st century，2014，2：1007-1015.

[2] CAO L，ZHANG C，LUO G，et al. Effect of glycerol as co-solvent on yields of bio-oil from rice straw through hydrothermal liquefaction [J]. Bioresource tech-

nology，2016，220：471 – 478.

［3］MOHAN D，PITTMAN C U，STEELE P H. Pyrolysis of wood/biomass for bio – oil：A critical review［J］. Energy & fuels，2006，20：848 – 889.

［4］WANG F，LI M，DUAN P，et al. Co – hydrotreating of used engine oil and the low – boiling fraction of bio – oil blends for the production of liquid fuel［J］. Fuel processing technology，2016，146：62 – 69.

［5］PATEL M，KUMAR A. Production of renewable diesel through the hydroprocessing of lignocellulosic biomass – derived bio – oil：A review［J］. Renewable and sustainable energy reviews，2016，58：1293 – 1307.

［6］ARPA O，YUMRUTAS R，DEMIRBAS A. Production of diesel – like fuel from waste engine oil by pyrolytic distillation［J］. Applied energy，2010，87：122 – 127.

［7］NAIMA K，LIAZID A. Waste oils as alternative fuel for diesel engine：a review［J］. Journal of petroleum technology and alternative fuels，2013，4：30 – 43.

［8］马云飞，刘大学，许玮珑，等. 交通运输业废机油再生现状与关键技术研究［J］. 中国资源综合利用，2010，28(11)：25 – 29.

［9］ZHANG C，DUAN P，XU Y. Catalytic hydropyrolysis of microalgae：influence of operating variables on the formation and composition of bio – oil［J］. Bioresource technology，2015，184：349 – 354.

［10］NAWAZ Z. Light alkane dehydrogenation to light olefin technologies：a comprehensive review［J］. Review in chemical engineering，2015，31：413 – 436.

［11］KUPAREVA A，MAKI – ARVELA P，GRENMAN H，et al. Chemical characterization of lube oils［J］. Energy & fuel，2013，27：27 – 34.

［12］DUAN P，SAVAGE P E. Catalytic treatment of crude algal bio – oil in supercritical water：optimization studies［J］. Energy environment & science，2011，4：1447 – 1456.

［13］SINHA S，AGARWAL A K，GARG S. Biodiesel development from rice bran oil：transesterification process optimization and fuel characterization［J］. Energy conversion and management. 2008，49：1248 – 1257.

［14］DUAN P，XU Y，BAI X. Upgrading of crude duckweed bio – oil in subcritical water［J］. Energy & fuel，2013，27：4729 – 4738.

［15］KUMAGAI S，MATSUNO R，GRAUSE G，et al. Enhancement of bio – oil production via pyrolysis of wood biomass by pretreatment with H_2SO_4［J］. Bioresource technology，2015，178：76 – 82.

第7章 秸秆水热液化原油减压蒸馏及其馏分油催化加氢改质

生物质原油通常是一种成分复杂的深褐色黏稠混合物，主要包括水和数百种含氧的有机化合物，如醛、醇、羧酸、酯、醚、呋喃、酮、酚类等；由于其热值低、黏度高、水分和氧含量高，以及由于不饱和烃和酚类物质的存在而导致其不稳定，所以原油很难直接用作燃料[1-4]。通过蒸馏技术可以将原油分为不同温度段的馏分油，并针对其特点进行分类改质。上一章，我们以花生秸秆为代表性原料，将其水热液化油常压蒸馏，并开展其轻质馏分与废机油进行耦合加氢改质过程的研究。在常压蒸馏下，高温会使一部分化合物重新聚合，导致轻质馏分收率减少。而减压蒸馏可以有效避免这一问题。相对于常压蒸馏，减压蒸馏采取更低的蒸馏温度，可以有效减少蒸馏过程中聚合缩聚反应的发生以及蒸馏残渣的生成[5-7]。Nam[8]等对比研究了常压蒸馏和减压蒸馏的方法，将微藻热解油分成了三个部分，减压蒸馏可以将原油分离得更充分，而且避免了重质馏分油的热降解。轻质馏分油以及中间部分馏分油的热值达到了 41 MJ/kg，有很大的潜力成为运输燃料。Jewel 和 Capareda[9]利用玉米秸秆热解油在常压和低压力（50 kPa）下进行蒸馏，发现重质馏分油中苯酚的含量超过 50%，而轻质馏分油中主要为芳烃和含氧化合物。

催化加氢被认为是一种很有前景的生物油改质工艺。催化加氢升级过程中一些贵金属催化剂活性高，所需反应条件温和，表现出良好的催化性能[10]。Fisk[11]等描述了模型生物油与原位氢在 Pt 基催化剂上的反应，模型生物油经过加氢处理后含氧量由 41.4 wt.%降至 2.8 wt.%。但是，生物油催化加氢改质过程中，会产生大量的焦炭和焦油，导致催化剂在改质过程初期就迅速失活。供氢剂（HDS）在生物原油催化加氢改质过程中能起到抑制结焦的作用。供氢剂可以在热反应过程中释放出活性氢离子，有效封闭稠油大分子自由基，从而抑制结焦、提高改质效果[12]。李振芳[13]等利用油砂沥青常压渣油的馏分油作为渣油改质的供氢剂，其研究结果表明相比于常规热裂解反应，加有供氢剂的热裂解过程中的生焦诱导期延长 3.0~4.5 min，而且生成油的黏度也显著降低。供氢剂多为芳香烃，其对热反应过程中缩合产生的沥青质具有胶溶作用，从而也能提高改质油的稳定性[12]。

基于此背景，本研究主要开展以下三方面的研究：

（1）以大豆秸秆为原料，对其水热液化原油进行减压蒸馏，得到轻质馏分油、重质馏分油以及固体残渣；

（2）引入供氢剂，分别对轻质馏分油和重质馏分油进行催化加氢改质，探究温度、时间、催化剂添加量等条件对改质产物分布与改质油品质的影响；

（3）对大豆秸秆水热液化过程以及液化原油减压蒸馏过程中形成的固体残渣分别进行热裂解，对其裂解产物进行分析。

7.1　实验材料

实验所用的大豆秸秆采购于中国湖南省夹山镇，其工业分析和元素分析结果见表 2-1。原料使用前在 105 ℃下干燥 12 h 后用粉碎机粉碎，并过 100 目筛后置于自封袋中密封保存备用。实验过程中所用的去离子水为实验室自制，所用的二氯甲烷和其他化学药品均购买于试剂公司。所用的催化剂 Pt/C，购买于郑州阿尔法化工有限公司。本实验所用的反应釜为带搅拌器的 1 L 不锈钢高压反应釜，采用电加热方式。

减压蒸馏装置如图 7-1 所示。选用功率为 0.35 kW 的加热套控制升温，使用带有热电偶的温度显示器反映实时蒸馏温度，蒸馏装置的真空环境由循环水式真空泵提供。

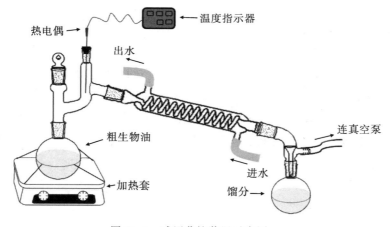

图 7-1　减压蒸馏装置示意图

7.2　实验流程

7.2.1　大豆秸秆液化原油制备及其减压蒸馏

大豆秸秆水热液化原油的制备流程见 2.2 节，在此不再赘述。

收集足够量的液化原油之后，对其进行减压蒸馏。由于水热液化原油较黏稠，在蒸馏前需微热至其有较好的流动性，然后方可装入蒸馏瓶中。用克氏蒸馏头连接热电偶监控温度，尾接管接上有安全瓶的循环水式真空泵，用一个圆底烧瓶收集馏分油，减压蒸馏装置如图 7-1 所示。减压蒸馏具体流程如下：首先接通冷凝水，将收集瓶中的原油稍微加热，倒入 500 mL 的蒸馏烧瓶中约 100 g，连接好蒸馏装置，先用真空泵抽至真空度 0.09 MPa，然后打开加热套开关，将电压调至 150 V 开始升温，观察热电偶测到的温度，待温度快升至 140 ℃时，将电压调至 100 V，微调电压至温度逐渐稳定到 140 ℃左右，此蒸馏过程在 1 h 左右，馏出物为轻质馏分油。待此过程不再有馏出物后，关闭加热套，并更换新的收集烧瓶。然后打开加热套将电压调至 150 V，温度升至 140 ℃以上后调至 120 V，此后微调电压使系统稳定升温（要注意控制温度，温度过高容易引起暴沸），约 1 h 后温度在 220 ℃左右后稳定一段时间至不再有馏出物，此过程馏出的为重质馏分油，蒸馏瓶内剩余为固体残渣。收集烧瓶的前后质量差为收集的馏分油质量，蒸馏瓶的前后质量差即为固体残渣质量。各种产物的产率计算如式（7-1）至式（7-3）所示。

$$轻质馏分油产率 = 轻质馏分油质量/原油质量 \times 100\% \qquad (7-1)$$

$$重质馏分油产率 = 重质馏分油质量/原油质量 \times 100\% \qquad (7-2)$$

$$固体残渣产率 = 残渣质量/原油质量 \times 100\% \qquad (7-3)$$

7.2.2　轻质馏分油和重质馏分油的催化加氢改质

轻质馏分油改质采用 20 mL 的反应釜，正式反应前需老化以去除釜内杂质。将 3.0 g 轻质馏分油和 3.0 g 供氢剂加入釜中，同时加入一定量的 Pt/C 催化剂，用氢气排气 15 min 后充入一定量的氢气。将反应釜放入已升至预设温度的盐浴中，待釜内升到预设温度，开始计时。反应结束后拿到冷水里冷却淬灭反应，在水里冷却大约 2 h 拿出吹干，等待处理。

在放气前称取反应釜的整体质量，然后拧开出气阀，反应釜放气前后的质量差计为气体的产量。打开反应釜，将釜内的油转移到带有过滤功能的 50 mL 离心管中，离心机的速度为 10000 r/min，离心后得到油经收集后用于进一步分析，离心后的滤渣与釜内残余的固体一并用二氯甲烷洗出，通过抽滤得到固体残渣，在 105 ℃的干燥箱中干燥 12 h 后计重。气体和固体残渣的产率如式（7-4）至式（7-5）所示，改质油的产率用差减法算出。

$$气体产率 = 气体产量/油和供氢剂总质量 \times 100\% \qquad (7-4)$$

$$固体残渣产率 = 固体残渣质量/油和供氢剂总质量 \times 100\% \qquad (7-5)$$

重质馏分油的改质直接选取四氢萘与十氢萘的混合供氢剂。重质馏分油和供氢剂的比例仍为 1∶1，具体实验细节与轻质馏分油改质相同。改质油产率计算方式以实际收集到的油质量为准，气体和固体残渣产率计算方式与式（7-4）、式（7-5）所述相同。

7.2.3　固体残渣的热裂解

大豆秸秆水热液化和原油减压蒸馏产生的固体残渣的热裂解及其裂解产物分析通过 CDS Pyroprobe 5000 Series 热裂解仪与 GC-MS 联用实现。裂解管中样品的装载量为 0.6 mg，裂解仪升温速率为 20000 ℃/s，保留时间 20 s，裂解产物首先富集到冷阱（初始温度 50 ℃）中，再由冷阱逐渐升温至 300 ℃，产物进入气相色谱质谱仪中分析。

7.2.4　产物分析

油的酸值（TAN）是手动滴定法测定，详见 6.2 节，在此不再赘述。

油的水分测试利用卡尔费休水分滴定法，所用的仪器为 KF-1B 卡尔费休水分测定仪。测试样品前，先标定 0.01 g 纯水消耗的卡尔费休量，样品的含水量据此计算，然后测试每次注入样品消耗的卡尔费休量。

油的元素组成采用 Flash 2000 元素分析仪进行分析。油的 S 含量采用 TS-3000 型紫外荧光测硫仪测试。生物油的气质分析采用美国 LECO 公司生产的 GC×GC-TOFMS 进行分析，其仪器和测试参数如表 7-1 所示。

改质油和商用汽油的对比分析采用的是 MINISCAN IR VISION 中红外燃料分析仪（Grabner，Austria），光谱扫描范围 7000~450 cm^{-1}，波数分辨率小于 2 cm^{-1}，波数精度小于 0.5 cm^{-1}。测样前用清洗液（丙酮、甲醇、甲苯配比为 1:1:1）清洗样品池，然后排空清洗液。测试选用的模式为汽油标准，自动进样模式下汽油的进样量为 12 mL，柴油的进样量为 18 mL，测试改质油是手动进样量为 10 mL。

表 7-1　GC×GC-TOFMS 仪器与测试参数

GC×GC 条件		TOFMS 条件	
项目	参数值	项目	参数值
一维柱系统	Rxi-5sil MS(30 m×0.25 mm×0.25 μm)	离子源温度/℃	250
二维柱系统	Rxi-17(2 m×0.15 mm×0.15 μm)	电离能量/eV	−70
一维色谱升温程序	40 ℃(1 min)，以 2 ℃/min 升至 300 ℃(4 min)	检测器电压/V	1500
二维色谱升温程序	40 ℃(1 min)，以 2 ℃/min 升至 300 ℃(4 min)	一维采集速率/(谱/秒)	10
进样口温度/℃	300	二维采集速率/(谱/秒)	100
进样量/μL	1	质量扫描范围/u	35~500
分流比	50	采集延迟时间/s	240
载气	He，流速 1 mL/min		
调制器温度/℃	比一维柱温高 15 ℃		
调制周期	8 s，冷吹 2.4 s，热扫 1.6 s		
传输线温度/℃	280		

7.3 大豆秸秆水热液化及原油减压蒸馏

7.3.1 产物分布

大豆秸秆经水热液化后产物主要包括原油、固体残渣、水溶物和气体。本研究主要收集了原油和固体残渣。其产率分别为 19.04 wt.% 和 20.66 wt.%。相对于藻类生物质，秸秆类水热液化原油的产率较低。秸秆结构中含有木质素，在反应过程中更容易形成积碳，原油附着于这些固体上，只能采用溶剂溶解的方法收集，而旋蒸溶剂的过程也会使原油有少部分损失，故对产率也有一定影响。固体残渣产率也较高，其热裂解过程会在随后展示。

将收集的液化油经过减压蒸馏后，分别获得轻质馏分油（LDO）、重质馏分油（HDO），以及蒸馏固体残渣（DSR），其产率如表 7-2 所示。不同于常压蒸馏，减压蒸馏是在一定的真空度下蒸馏，因此蒸馏温度会有所降低，这就可以减少高温下化合物间的裂解、聚合反应，使油品保持稳定。减压蒸馏的产物回收率能达到 86 wt.%，部分损失是未冷凝下来的气体被真空泵抽走所导致，轻质馏分油与重质馏分油的产率之和接近 60 wt.%。这与 Capunitan[9] 等的研究结果接近。在蒸馏后仍产生 28.36 wt.% 的固体残渣，其热裂解过程亦会在随后展示。

表 7-2 大豆秸秆水热液化原油减压蒸馏的产物分布　　单位：wt.%

蒸馏产物	轻质油馏分	重质油馏分	蒸馏固体残渣
产率	26.06	31.89	28.36

7.3.2 原油与馏分油的元素组成与性质分析

表 7-3 列出了大豆秸秆水热液化原油及两种馏分油的元素组成及水分、总酸值等性质。由表中可以看出，大豆秸秆水热液化原油中碳含量和热值远高于其原料的值。热值也明显高于热解油的值（16～19 MJ/kg）[14]。热值的增加也跟氧含量的大幅下降有关。由于秸秆主要由木质纤维素（纤维素、半纤维素和木质素）组成，而木质纤维素又由多种葡萄糖及含氧化合物构成。水热液化反应过程中这些大分子分解成为多种小分子，一部分含氧化合物会溶于水相中，还有一部分保留在固体残渣中[15]。原油的氮、硫含量要比原料的高，这说明含氮化合物和含硫化合物被富集到原油中，但也远低于藻类生物油，这也更有利于原油的脱氮脱硫。TAN 值也是生物油比较重要的一个指标，TAN 值越高其腐蚀性就越大，也就不利于储存和运输。原油的 TAN 值较高是因

为其中含有大量有机酸,这将在随后的 GC - MS 分析中得到证实。

表 7 - 3　原油及馏分油的元素组成(wt. %)及性质

分类	水热液化原油	轻质馏分油	重质馏分油
水分(wt. %)	1.01	4.81	1.44
TAN(mg KOH/g)	94.92	90.87	82.17
C	75.05	73.58	76.33
H	8.01	8.97	9.52
O	10.83	14.55	11.52
N	2.84	2.59	2.66
S(ppm)	2115	2817	1401
H/C	1.28	1.46	1.51
O/C	0.11	0.15	0.10
HHV (MJ/kg)	34.92	35.11	37.44

原油经过减压蒸馏后分别得到轻质馏分油和重质馏分油。由于轻质馏分油的蒸馏温度相对较低,导致其含水量(4.81 wt. %)要高于重质馏分油的值(1.44 wt. %)。因沸点较高的长链烷烃更多集中在重质馏分油里,重质馏分油的碳、氢含量及 H/C 值都要稍高于轻质馏分油,所以其热值也稍高。相较于重质馏分油,轻质馏分油中的氧含量(14.55 wt. %)要更高,表明小分子含氧化合物在原油中占多数,蒸馏后都集中到轻质馏分油中。两种馏分油的 TAN 值基本与原油相当,或许因为短链有机酸和长链脂肪酸分别分布于轻质和重质馏分油中。此外,轻质馏分油与重质馏分油的氮含量几乎相等,并且较原油也没有明显降低。虽然总量很少,但轻质馏分油与重质馏分油的硫含量还是存在明显的差异,轻质馏分油的硫含量几乎是重质油的 2 倍,并且也明显高于原油的硫含量。

7.3.3　原油与馏分油的分子组成

我们分别对大豆秸秆水热液化原油及其轻质和重质馏分油进行了 GC - MS 分析,以了解其中存在的特征分子及其含量。图 7 - 2 为三种油的总离子流图。从图中可以看出,通过减压蒸馏所得的轻质馏分油和重质馏分油的分子组成存在显著的区分度。轻质馏分油的组分主要集中于保留时间 44 min 之前,而重质馏分油的组分则主要集中于保留时间 64 min 之后。但同时也发现组分分布在轻质馏分油和重质馏分油间存在一定程度的重叠,比如在两种油中都观察到 C14 和 C18 的链烃。

我们将鉴定出的特征化合物进行了归类,结果如表 7 - 4 所示。由于测试条件中进样口温度为 300 ℃,仪器检测到的只是生物油中的一部分,并且根据仪器测试特点,

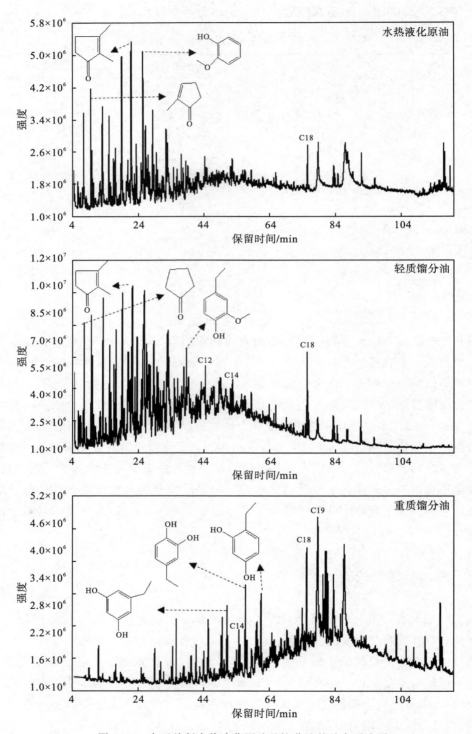

图 7-2 大豆秸秆水热液化原油及馏分油的总离子流图

我们只把相似度 700 以上的鉴定结果列为可信，两种原因导致最后统计的化合物的峰面积之和与总峰面积的占比在 50%～74%。

表 7-4　水热液化原油及馏分油的分子组成（峰面积%）

分类	饱和烃	不饱和烃	芳香族	含 N	含 O	含 N, O	含 S	总量
原油	2.01	2.53	1.73	5.00	54.88	2.77	0.10	69.03
轻质馏分油	1.67	6.16	3.50	6.60	53.43	1.62	0.34	73.33
重质馏分油	12.31	4.79	4.52	5.03	21.17	2.71	—	50.53

—未检测到或峰面积小于 0.01%。

由表 7-4 可以清楚地看出，原油中含氧化合物所占的比例最大，达到 54.88% 之多。前文也提到秸秆属于木质纤维素生物质，而木质纤维素在水热液化中分解为各种含氧化合物，主要为酚类和酮类化合物，如表 7-5 所示。而含氮化合物主要来源于蛋白质的分解，由于蛋白质在秸秆中的含量极低，所以含氮化合物在秸秆类生物原油中含量较少，主要为吲哚、吡啶和吡咯（见表 7-5）。轻质馏分油中含氧化合物同样占据了较大的比例，为 53.43%，和原油大致相当，其含量远高于重质馏分油的值（21.17%）。这说明原油中的含氧化合物主要以低沸点的小分子为主。原油和轻质馏分油中含氧化合物主要为酚和酮，与之不同的是，重质馏分油中的含氧化合物主要为酚和酯（见表 7-5）。另外，重质馏分油的饱和烃含量（12.31%）要显著高于原油（2.01%）和轻质馏分油（1.67%），主要是因为 C13 以上的直链烷烃集中在重质馏分油中。

表 7-5　含氮、含氧化合物的具体分类（峰面积%）

	化合物种类	原油	轻质馏分油	重质馏分油
含氮化合物	吲哚	1.38	0.85	3.65
	吡啶	1.86	3.22	0.49
	吡咯	1.65	2.50	0.35
	苯胺	0.11	0.02	0.23
含氧化合物	酚	13.73	8.72	8.24
	酯	2.46	2.94	6.71
	酮	36.46	34.47	2.84
	酸	0.11	1.49	2.65
	醛	0.16	0.96	0.57
	醚	1.47	3.54	0.03
	醇	0.49	1.32	0.14

7.4　轻质馏分油催化加氢改质

7.4.1　不同供氢剂下轻质馏分油催化加氢改质的产物分布

　　我们探讨了在 5 wt.%Pt/C、350 ℃、6 MPa H_2、2 h 的反应条件下，不同供氢剂对轻质馏分油改质产物分布的影响，结果如图 7-3 所示。从图中可以看出，相对于不加供氢剂，轻质馏分油与供氢剂共改质后，其固体和气体产率均有明显降低。其中，与环己烷共改质后的固体产率最低只有 1.3 wt.%，表明供氢剂确实能起到抑制结焦的作用。供氢剂为苘满时所得改质油的产率最高，为 87.9 wt.%。而当供氢剂为环己烯时，改质后气体（4.2 wt.%）和固体（4.7 wt.%）产率均明显高于其他供氢剂的值，因而导致其改质油产率（78.7 wt.%）亦为所有供氢剂中最低的。相对其他四种供氢剂最高，但是油的产率最低。尽管四氢萘和十氢萘作为供氢剂所得的改质油产率在所有供氢剂中并不是最高的，但结合其固体和气体产率较低，尤其是改质油的脱氮脱硫效果较佳（见表 7-6），我们将其作为备选供氢剂，并考察了其作为混合供氢剂（质量比 1∶1）时的改质结果，发现所得改质油具有明显更低的 N、S 含量（分别为 0.69 wt.%，189 ppm，见表 7-6）。因此，我们选取此混合供氢剂用于后续的参数优化探索。

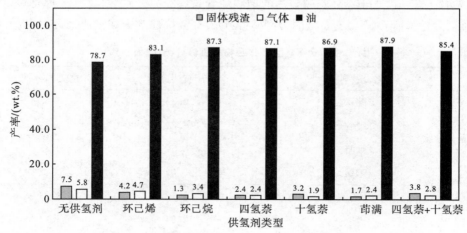

反应条件 5 wt.%Pt/C，350 ℃，6 MPa H_2 和 2 h

图 7-3　不同供氢剂下轻质馏分油催化加氢改质产物分布

7.4.2　反应参数对轻质馏分油催化加氢改质的产物分布的影响

　　在完成供氢剂优选后，我们依次考察了温度、时间、氢气压力、催化剂添加量以及催化剂循环次数对轻质馏分油催化加氢改质的产物分布的影响，结果如图 7-4 所示。图 7-4(a) 为 5 wt. %Pt/C、6 MPa H_2、2 h 条件下轻质馏分油在不同温度下的改质产物分布。从图中不难看出，温度对固体产率的影响是有限的，在温度由 300 ℃升至 450 ℃时，固体产率仅由 3.2 wt. %增加至 4.2 wt. %。但气体产率受温度的影响要显著得多，由 300 ℃时的 1.5 wt. %陡增至 450 ℃时的 11.1 wt. %，其中在温度由 400 ℃增至 450 ℃时，气体产率增加的幅度更为明显。这也导致改质油的产率随着温度增加而逐渐下降，在温度由 400 ℃增至 450 ℃时，改质油产率也出现明显降幅。这说明一方面高温有利于馏分油中的大分子通过裂解、分解变成小分子化合物，另一方面过高的温度也促使小分子中间体发生进一步裂解为 CO_2、CH_4 等气体，导致气体产率增加。从表 7-6 所示的元素分析中，可以看出，在 400 ℃所得的改质油的 N、S 含量分别为 0.63 wt. %和 68 ppm，较 350 ℃时均有显著降低。综合改质油产率和脱氮脱硫效果综合考虑，我们选取 400 ℃为最佳温度，用于后续的参数优化探索。

图 7-4(b) 为 5 wt. %Pt/C、400 ℃、6 MPa H_2 条件下轻质馏分油在不同时间下的改质产物分布。从图中可以看出，相对于温度，时间对改质产物分布的影响并不显著。当反应时间从 2 h 增加到 4 h 后，固体和气体产率才有所增加，可能是由于长反应时间提升了油中组分重新聚合沉积的概率所致。但这种影响并不显著。同时我们也注意到，在反应时间为 4 h 时所得改质油的 TAN 值仅为 4.1 mg (KOH)/g (见表 7-6)，远低于其他反应时间的值。其 N、O 和 S 含量分别为 0.56 wt. %、1.65 wt. %和 60 ppm，继续增加反应时间，N、O 和 S 含量并无明显下降。综合考虑，选取 4 h 为最佳反应时间，用于后续的参数优化探索。

图 7-4(c) 为 5 wt. %Pt/C、400 ℃、4 h 条件下轻质馏分油在不同时间下的改质产物分布。从图中可以看出，常压下惰性气体氛围和氢气氛围的改质产物分布差别不大，当氢气压力为 3 MPa 时，固体产率突然增加至 9.2 wt. %。这说明现有的氢气压力尚不足以抑制馏分油改质过程中形成的中间体的聚合成焦反应。但随着氢气继续增大，固体产率则迅速下降，而改质油产率则明显增加，在氢气压力达到 10 MPa 时，固体和气体产率均达到最低值，改质油产率达到最大，这说明高压氢气对于抑制中间体的成焦反应是有效的。并且在 10 MPa 氢气时所得改质油的 N、S 含量均达到最低值 (0.35 wt. %和 44 ppm，见表 7-6)，因此我们选取 10 MPa 氢气用于后续的参数优化探索。

图 7-4(d) 为 10 MPa H_2、400 ℃、4 h 条件下轻质馏分油在不同催化剂添加量下的改质产物分布。我们发现催化剂添加量的增加导致气体产率增加和改质油产率的下降，在 20 wt. %Pt/C 时，气体产率达到最大，为 9.2 wt. %。而改质油产率达到最小值。这是由于催化剂的存在促进了改质油中组分裂解的程度，导致气体产率增加。催化剂添加量的增加也能显著降低改质油中的杂原子含量 (见表 7-6)。但是，催化剂添加量的增加又大幅提升了生产成本，因此，5 wt. %的 Pt/C 添加量，不失为一种最优的选择。

在此基础上，我们考察了催化剂循环次数对改质产物分布的影响，结果如图 7-4

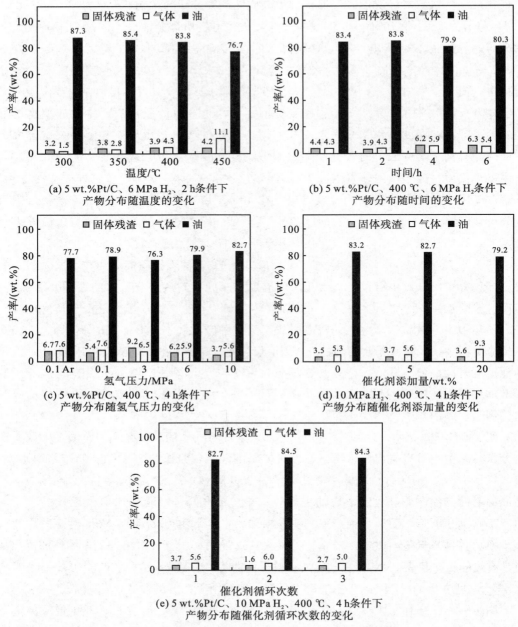

图 7-4　不同反应条件下轻质馏分油与混合供氢剂

（四氢萘与十氢萘质量比为 1∶1）共催化加氢改质的产物分布

（e）所示。从图中可以看出，经历三次循环之后，改质产物分布并没有呈现出明显的变化。但改质油的杂原子含量以及 TAN 值随着循环次数的增加而增加，表明经循环使用后，催化剂的活性是逐渐下降的。

7.4.3　轻质馏分油在不同条件下所得改质油的元素组成与性质分析

　　生物油能否用于车用燃料，跟它的多种性能指标有关，其中比较重要的是 N 和 S 含量。如果生物油 N 和 S 含量过高，将严重限制生物油作为车用燃料的使用。此外，水分、TAN 值等也会影响生物油的燃烧性能，表 7-6 列出了轻质馏分油在不同条件下所得改质油的元素组成和相关性质。在这里，我们用杂原子脱除效率来衡量改质效果，其中 N、S 和 O 的脱除效率的计算公式如式(7-6)所示。

$$脱除效率 = (W_1 - W_2)/W_1 \times 100\% \tag{7-6}$$

式中，W_1 为改质前油中对应的杂原子含量；W_2 为改质油中对应的杂原子含量。

表 7-6　轻质馏分油不同条件下获得的改质油的元素组成(wt. %)及其他性质

分类	水分 /(wt. %)	酸值 /(mg KOH·g^{-1})	C	H	O	N	S /ppm	H/C	O/C	HHV /(MJ·kg^{-1})
轻质油	4.81	90.9	73.58	8.97	14.55	2.59	2817	1.46	0.148	35.1
轻质油＋供氢剂 (1∶1)	2.46	45.1	82.23	9.14	7.37	1.28	1407	1.32	0.067	39.8
供氢剂类型	350 ℃，2 h，6 MPa H$_2$，5 wt. %Pt/C，LDO∶HDS=1∶1									
无供氢剂	1.49	61.9	81.32	10.03	6.34	2.34	716	1.48	0.058	40.7
环己烷	0.37	26.1	79.91	11.48	5.62	1.22	269	1.74	0.053	42.5
环己烯	0.35	36.7	82.52	11.14	4.60	1.16	368	1.61	0.042	42.9
十氢萘	0.20	18.5	82.91	12.07	3.01	0.73	237	1.75	0.027	44.7
四氢萘	0.23	17.3	84.92	9.61	2.73	0.77	212	1.36	0.024	41.9
茚满	0.26	11.7	84.93	9.42	2.81	1.08	243	1.33	0.024	41.7
四氢萘＋十氢萘	0.23	18.4	83.87	10.72	2.64	0.69	189	1.54	0.023	43.2
温度/℃	2 h，6 MPa H$_2$，5 wt. %Pt/C，LDO∶HDS(DHN∶THN=1∶1)=1∶1									
300	0.39	36.3	82.34	10.97	3.80	0.86	329	1.59	0.035	42.7
350	0.23	18.4	83.87	10.72	2.64	0.69	189	1.54	0.023	43.2
400	0.21	12.4	84.51	10.56	2.14	0.63	68	1.49	0.019	43.1
450	0.23	17.9	87.03	9.35	1.62	0.56	42	1.30	0.014	42.5
时间/h	400 ℃，6 MPa H$_2$，5 wt. %Pt/C，LDO∶HDS(DHN∶THN=1∶1)=1∶1									
1	0.17	6.2	85.86	10.64	1.81	0.74	70	1.48	0.016	43.8
2	0.21	12.4	84.51	10.56	2.14	0.63	68	1.49	0.019	43.1
4	0.19	4.6	86.33	10.32	1.65	0.56	60	1.44	0.014	43.6
6	0.15	7.8	85.68	10.30	1.62	0.53	41	1.45	0.014	43.4

续表

分类	水分 /(wt. %)	酸值 /(mg KOH · g⁻¹)	C	H	O	N	S /(ppm)	H/C	O/C	HHV /(MJ · k⁻¹g)
氢气压力/MPa	400 ℃, 4 h, 5 wt. %Pt/C, LDO：HDS(DHN：THN=1：1)=1：1									
0.1 Ar	0.20	12.4	86.16	9.48	2.64	0.83	165	1.33	0.023	42.3
0.1	0.39	7.7	85.30	9.61	2.73	0.81	152	1.35	0.024	42.0
3	0.15	7.9	87.52	10.07	1.44	0.63	83	1.38	0.012	43.7
6	0.19	4.6	86.33	10.32	1.65	0.56	60	1.44	0.014	43.6
10	0.14	4.8	86.07	10.61	1.51	0.35	44	1.48	0.013	44.0
催化剂添加量/wt. %	400 ℃, 4 h, 10 MPa H_2, LDO：HDS(DHN：THN=1：1)=1：1									
0	0.18	9.4	86.19	10.40	1.71	0.57	83	1.45	0.015	43.7
5	0.14	4.8	86.07	10.61	1.51	0.35	44	1.48	0.013	44.0
20	0.08	3.2	88.36	9.48	0.74	0.07	21	1.29	0.006	43.3
催化剂利用次数	400 ℃, 4 h, 10 MPa H_2, 5 wt. %Pt/C(reuse), LDO：HDS(DHN：THN=1：1)=1：1									
1	0.14	4.8	86.07	10.61	1.51	0.35	44	1.48	0.013	44.0
2	0.16	6.3	86.28	10.84	1.73	0.57	54	1.51	0.015	44.3
3	0.14	8.8	86.58	10.76	1.82	0.61	65	1.49	0.016	44.3

　　轻质馏分油的水分含量为 4.81 wt. %。由于改质所用原料是轻质油与供氢剂 1：1 的混合物，所以改质油的性质应与混合油作对比。混合油的水分含量为 2.46 wt. %，改质后油中的水分含量下降很明显，当催化剂添加量为 20 wt. %时，改质油的水分含量最低能达到 0.08 wt. %。并且添加供氢剂后确实更有利于生物油中水分的脱除。高温和高的氢气压力有利于脱除油中的水分，在 400 ℃和 10 MPa H_2 的条件下，不添加催化剂也能将水脱除到 0.18 wt. %。

　　在不加供氢剂时，改质油的 TAN 值由 90.9 KOH mg/g 降至了 61.9 KOH mg/g。加入供氢剂后，改质油的 TAN 值均有显著下降，其中添加茚满的改质油 TAN 值最低只有 11.7 KOH mg/g。当催化剂添加量为 20 wt. %时，改质油的 TAN 值降到最低为 3.2 KOH mg/g。随着氢气压力和催化剂添加量的增加，改质油 TAN 值均有逐渐降低的趋势，可能是高氢气压力有利于油中组分的羧基还原。金属催化剂导致油中酸值较低，这可能是由于催化剂促进脱羧基和脱羰基化反应，使有机酸转化为烷烃[16]。当催化剂重复利用两次后，改质油 TAN 值逐渐升高，这说明催化剂在重复使用过后会有一定程度的失活。

　　相比于轻质馏分油，所有改质油的 C 和 H 含量均有所增加，一方面是因为混合了供氢剂，另外也是催化加氢的效果。比较明显的是，随着温度的升高，改质油 C 含量升高，H 含量下降，H/C 值也从 1.59 下降到了 1.30，可能是因为芳香族化合物增加所导致。

　　增加氢气压力会使改质油 H 含量升高,当反应氛围从惰性气体到 10 MPa H₂时,H/C 值从 1.33 升至 1.48,这是因为充足的氢气能够使不饱和烃和芳香族化合物转化为饱和烃。轻质馏分油中氧含量高达 14.6 wt.％,混合供氢剂后油中的氧含量减半至 7.37 wt.％,改质后油中的氧含量大幅下降。当反应温度从 300 ℃升至 450 ℃时,改质油氧含量从 3.8 wt.％降至 1.6 wt.％,O/C 值也从 0.035 降至 0.014,说明高温有利于脱氧反应。催化剂同样能促进脱氧反应,不添加催化剂时改质油的氧含量为 1.7 wt.％,当添加 5 wt.％催化剂时,改质油的氧含量为 1.6 wt.％,继续增加催化剂添加量至 20 wt.％时,改质油氧含量已降至 0.7 wt.％,脱氧效率达到了 90％。催化剂循环使用后,脱氧效果就会有所减弱。经循环两次后,改质油中的氧含量反而高于不加催化剂的值。反应时间对于改质油的 C、H、O 含量影响不明显。

　　由于改质油中硫含量较低,使用元素分析仪测试结果误差会比较大,因此用 TS-3000 型紫外荧光测硫仪来测试油品中的硫含量。由表 7-6 可知,轻质馏分油的 N、S 含量分别为 2.59 wt.％和 2817 ppm。在与供氢剂混合后,混合油中的 N 和 S 分别减半至 1.28 wt.％和 1407 ppm。在初步筛选不同供氢剂时,改质油的氮脱除率均不高,其中十氢萘的脱氮效果相对最好,其改质油的氮含量在 0.73 wt.％,但是脱氮效率也只有 43％。相对脱氮,脱硫似乎更容易些,效果最差的环己烯脱硫效率也能达到 73.7％,而四氢萘的脱硫效率最高达到了 85％,所以综合两种效果,后续改质条件选用了四氢萘和十氢萘的混合供氢剂,从 350 ℃时的改质效果来看,混合供氢剂确实比其单独使用时的脱氮脱硫效果更好,可谓综合了它们脱氮脱硫的优势。

　　随着温度的升高,脱氮脱硫效果都有一定的提升,虽然 450 ℃下脱硫效率已经高达 97％,但此温度已是反应釜所能承受的极限温度,若后边选取 450 ℃会对反应釜造成较大的损害,所以后续改质温度设定为 400 ℃。且该温度下改质油的硫含量也只有 68 ppm。反应时间也是脱氮和脱硫过程中一个重要的因素,当反应时间从 1 h 延长至 6 h,脱氮效率能从 42％提升到 59％,脱硫效率最高也能达到 97％,考虑到成本问题,后续改质设定为 4 h,此条件下改质油的硫含量为 60 ppm。

　　尽管有供氢剂能够促进氢离子的转移,外加氢源同样起到重要的作用,由表 7-6 可以看出,高压氢气氛围下,改质油的 N、S 含量均有显著降低。这说明改质过程中氢源主要还是来自氢气。催化剂起到的作用更为明显。当加大催化剂用量至 20 wt.％时,脱氮和脱硫效率分别高达 95％和 98％,改质油的氮含量和硫含量分别只有 0.07 wt.％和 21 ppm,均达到最低值。

　　当催化剂循环利用后,脱氮和脱硫效果都会减弱。与脱氧效果相似,当催化剂利用两次后,改质油中的氮含量反而要高于不加催化剂的值。这说明催化剂要想达到循环利用的条件必须经过进一步的还原处理,脱除催化剂上黏附的杂原子。Costanzo 等[17]研究表明,循环利用的催化剂表面积和孔体积都有减小,并且表面会附着焦油,因此会导致催化剂性能下降。

　　研究结果表明，轻质油中氧和硫较易脱除，但改质油中的氮含量仍然较高。结合GC－MS结果，改质油中的含氮化合物主要有吡啶、吲哚、苯胺，这些化合物结构稳定，难以脱除，有研究表明当苯胺与吡啶同时存在时，加氢脱氮会有相互抑制的现象[18]。此外部分改质油还含有少量的腈、咔唑、喹啉，轻质馏分油里检测出的吡咯在改质油里均没有出现。

　　表7-7对比了改质油与市售汽油的部分性能。汽油为我国标准下的92号汽油，改质油选取的是20 wt.％催化剂添加量下的改质油。从表中可以看出改质油的研究法辛烷值和马达法辛烷值均大于汽油，这是因为改质油中的芳香烃含量较高，而芳香烃的研究法辛烷值均大于100，辛烷值是汽油的抗爆性能，辛烷值越高抗爆性越好，但是市售汽油的辛烷值一般都小于100。从馏程来看，改质油150 ℃之前的馏分不足70％，而汽油能达到85.9％，且改质油的终馏点大于230 ℃，这说明与汽油相比改质油高温度段的馏分较多，减压蒸馏可以考虑进一步控制蒸馏温度。改质油中芳烃的含量远远大

表7-7　轻质馏分油改质油与商用汽油的部分性能对比

分类	汽油（92＃）	改质油
研究法辛烷值 RON	95.9	＞110.0
马达法辛烷值 MON	85.2	99.2
密度/20 ℃（g·cm⁻³）	0.758	0.899
70 ℃馏出体积（％）	43.6	＜15.0
100 ℃馏出体积（％）	57.2	＜40.0
150 ℃馏出体积（％）	85.9	＜70.0
初馏点 IBP(℃)	28	58
10％馏出温度(℃)	53.3	71.1
50％馏出温度(℃)	72	＞130
90％馏出温度(℃)	162.4	158.2
终馏点 FBP(℃)	203.5	＞230.0
总芳香烃（m％）	38.6	＞80.0
总含氧量（m％）	2.9	0.8
苯（V％）	0.67	0.46
甲苯（V％）	5.08	3.81
乙苯（m％）	2.23	4.28
丙苯（m％）	1.46	5.86
萘（m％）	0.32	＞10.00
总苯胺类物质（m％）	0.65	4.17

于汽油,这或许是生物油中本身芳烃含量就高,也可能与加入的供氢剂有关。改质油中烯烃和氧含量均远小于汽油,这是因为催化加氢使大量的不饱和烃转化为饱和烃,以及脱氧效果明显。改质油中总的苯胺类物质也远大于汽油,这也是改质油氮含量较高的原因之一。通过与汽油这些性能的比较,说明生物油离车用燃料的实际应用还有一段距离。

7.4.4　轻质馏分油在不同条件下所得改质油的分子组成

我们对轻质馏分油在不同条件下所得改质油进行了 GC - MS 分析,以了解其中存在的特征分子及其含量。鉴定出的特征化合物经归类,主要分为饱和烃、不饱和烃、芳香烃,以及含氮、含氧、含硫化合物,还有含氮氧化合物,结果如表 7 - 8 所示。需要指出的是,本研究所有统计到的结果均为与数据库对比相似度 700 以上的物质,每种物质的峰面积百分含量只是相对含量,不代表其在油中的绝对含量。由于生物油组成极其复杂,对于每种油统计到的物质总量也不尽相同。总之,加氢反应越充分,改质油品质越高,油中的小分子物质越多,GC - MS 分析中能检测到的物质也就越多。值得注意的是,随着温度的升高,可统计到物质的总量也在增加,这表明高温会推动反应进行,促使大分子裂解生成更多的小分子化合物。

表 7 - 8　不同条件下获得的改质油的分子组成(峰面积%)

分类	饱和烃	不饱和烃	芳香烃	含氮	含氧	含氮氧	含硫
供氢剂类型　350 ℃ , 2 h, 6 MPa H$_2$, 5 wt.%Pt/C, LDO:HDS=1:1							
无供氢剂	11.88	6.97	16.50	3.95	25.61	1.57	0.18
环己烷	12.79	16.23	15.64	14.55	21.94	1.72	0.05
环己烯	17.05	12.15	27.28	1.86	16.88	0.59	0.04
十氢萘	17.44	13.59	21.44	2.14	19.96	1.55	—[a]
四氢萘	23.63	8.60	23.86	2.09	17.00	1.13	0.02
茚满	10.53	5.65	32.67	1.81	15.80	2.05	—
四氢萘＋十氢萘	18.34	9.38	25.93	1.58	15.92	1.37	0.03
温度/℃　2 h, 6 MPa H$_2$, 5 wt.%Pt/C, LDO:HDS(DHN:THN=1:1)=1:1							
300	12.72	15.12	8.83	1.79	23.14	2.42	—
350	18.34	9.38	25.93	1.58	15.92	1.37	0.03
400	32.53	10.59	18.30	2.44	13.79	0.42	0.05
450	19.25	7.44	38.84	9.09	13.16	0.15	—
时间/h　400 ℃, 6 MPa H$_2$, 5 wt.%Pt/C, LDO:HDS(DHN:THN=1:1)=1:1							
1	30.55	10.64	27.35	0.91	13.22	1.80	—

续表

分类	饱和烃	不饱和烃	芳香烃	含氮	含氧	含氮氧	含硫
2	32.53	10.59	18.30	2.44	13.79	0.42	0.05
4	34.65	12.94	26.56	3.67	7.71	0.03	—
6	28.97	8.85	41.59	5.27	7.77	0.11	0.07
氢气压力/MPa　400 ℃，4 h，5 wt.％Pt/C，LDO：HDS(DHN：THN＝1：1)＝1：1							
0.1Ar	20.98	17.86	35.95	2.51	10.87	0.26	0.04
0.1	21.88	7.30	36.83	2.84	16.98	2.05	
3	27.40	9.67	43.35	4.16	4.31	—	0.01
6	34.65	12.94	26.56	3.67	7.71	0.03	
10	42.81	10.04	24.18	4.61	8.48	0.10	
催化剂添加量/wt.％　400 ℃，4 h，10 MPa H₂，LDO：HDS(DHN：THN＝1：1)＝1：1							
0	39.77	11.94	26.92	1.66	9.91	0.12	0.05
5	42.81	10.04	24.18	4.61	8.48	0.10	
20	34.13	11.93	43.78	0.40	2.91	0.50	0.02
催化剂利用次数（400 ℃，4 h，10 MPa H₂，5 wt.％Pt/C(reuse)，LDO：HDS(DHN：THN＝1：1)＝1：1)							
1	42.81	10.04	24.18	4.61	8.48	0.10	—
2	32.08	9.46	29.85	3.06	15.05	0.19	—
3	30.33	11.57	29.83	2.66	12.74	0.07	—

　　从表中可以看出，经催化加氢改质之后，轻质馏分油中的含氧化合物被还原分解。改质油主要由饱和烃、不饱和烃和芳香族化合物组成。其中饱和烃主要由 C7—C20 的环状和直链烷烃组成，不饱和烃主要是烯烃，芳香族化合物大多带有一个苯环，除此外还有带两个、三个甚至四个苯环的化合物。当供氢剂为环己烷和环己烯时，改质油中含量较高的仍然有含氧化合物，而另外三种则多为芳香烃，还含有部分长链烷烃。随着温度的升高，改质油中饱和烃显著增加，但继续增温至 450 ℃时，饱和烃尤其是长链饱和烃含量减少。反应时间对饱和烃含量的影响并不显著。随着氢气压力的增加，油中的物质有向饱和烃转化的趋势。

　　当催化剂添加量为 20 wt.％时，改质油中含氧化合物最少，而且几乎不含有酚和酮类化合物。在其他条件下得到的改质油中，含氧化合物主要还是酚和酮类化合物，此外有少量的酯、醇、酸和醚类化合物。有研究表明，一部分羰基化合物会以 CO₂ 的方式脱去氧，且这部分化合物不会裂解为更小的分子，而是催化重整为环烷烃或者脂肪族化合物[19]。由于水热液化原油的结构组成和催化加氢过程中的反应均较复杂，油中还含有极少含氮氧、氮硫以及硫氧化合物。相对于含氮氧化合物，后两者在改质油中所占比例更低。因此，在表 7-8 中只列出了氮氧化合物的峰面积百分比。

7.5　重质馏分油催化加氢改质

7.5.1　反应参数对重质馏分油催化加氢改质产物分布的影响

结合轻质馏分油的改质效果，我们仍选取质量比为 1：1 的四氢萘与十氢萘混合物作为供氢剂，用于重质馏分油的催化加氢改质，依次考察温度、时间、氢气压力和催化剂添加量对其改质产物分布的影响规律，并进行参数优化，结果如图 7-5 所示。

图 7-5(a) 为 5 wt.％Pt/C、6 MPa H_2、2 h 条件下重质馏分油在不同温度下的改质产物分布。从图中可以看出温度对改质产物分布的影响是显著的。当温度从 300 ℃增至 400 ℃时，气体产率仅由 0.7 wt.％增至 2.6 wt.％。而当反应温度到达 450 ℃后，气体产率陡增至 10.2 wt.％。这与轻质馏分油改质呈现的规律一致。这表明高温（400～450 ℃）加剧重质馏分油中组分的剧烈分解，从而导致气体产率大幅增加。因此，

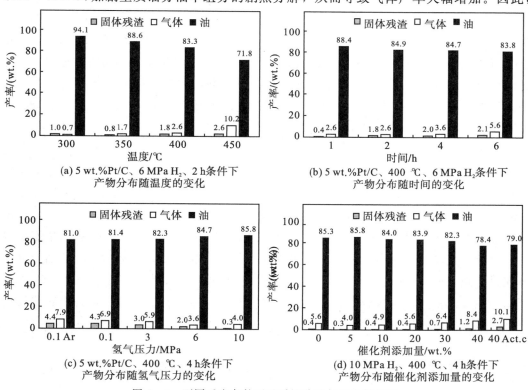

图 7-5　不同反应条件下重质馏分油与混合供氢剂

（四氢萘与十氢萘质量比为 1：1）共催化加氢改质的产物分布

我们选择 400 ℃ 作为最佳温度,用于后续的改质参数优化探索。温度升高同样导致固体产率增加,但增加的幅度较小,由 300 ℃ 的 1.0 wt.％升至 450 ℃ 的 2.6 wt.％。由于固体和气体产率的增加,必然导致改质油的产率大幅下降,从 300 ℃ 时的 94.1 wt.％降至 450 ℃ 时的 71.8 wt.％。Elliott[20] 等人用固定床反应釜对生物原油进行催化加氢脱氧时发现,当反应温度从 310 ℃ 增至 360 ℃,改质油的产率从 75 wt.％ 降到 56 wt.％,产率的降低一方面是因为气体产率的增加,另一方面是因为脱氧反应导致。

图 7-5(b)为 400 ℃、6 MPa H₂、5 wt.％Pt/C 条件下重质馏分油在不同时间下的改质产物分布。与温度相比,反应时间对产物分布的影响要小得多。如图 7-5(b)所示,随着时间的增加,气体和固体产率分别由 1 h 的 0.4 wt.％和 2.6 wt.％增至 6 h 的 2.1 wt.％和 5.6 wt.％,而油的产率从 1 h 的 88.4 wt.％降至 6 h 的 83.8 wt.％。同轻质馏分油改质一样,结合油产率及其品质,我们选择 4h 用于后续改质研究。

图 7-5(c)为 400 ℃、4 h、5 wt.％Pt/C 条件下重质馏分油在不同氢气压力下的改质产物分布。随着氢气压力的增大,气体的产率由 0.1 MPa H₂下的 7.9 wt.％降至 10 MPa H₂下的 4.0 wt.％,根据勒夏特列原理,压力的增加会抑制气体生成。据推测当氢气足够时,一些芳香烃和不饱和烃的不饱和键容易加氢生成饱和烃,而在常压或者氢气压力较小时,化合物容易裂解为 C1—C4 气体化合物,从而导致气体产率增加。更明显的是,固体产率随着氢气压力的增加而降低,由 0.1 MPa H₂下的 4.4 wt.％降至 10 MPa H₂下的 0.3 wt.％,这也说明高压氢气的存在能够显著抑制改质过程中中间体成焦反应的发生,从而有效降低固体生成。气体和固体产率的降低导致了改质油产率的增加,在 10 MPa H₂下改质油产率达到最大值 85.8 wt.％,因此,我们选取 10 MPa H₂为最佳参数,用于后续改质研究。

图 7-5(d)为 400 ℃、4 h、10 MPa H₂下催化剂添加量对产物分布的影响。如图所示,当 Pt/C 添加量在 0～20 wt.％范围内时,固体产率几乎不变,而进一步增加其用量后,固体产率逐渐增加。这与 Duan[21] 等的研究结果相似。当催化剂添加量由 5 wt.％增至 40 wt.％时,气体产率由 4.0 wt.％增至 8.4 wt.％,说明增大催化剂添加量能加深重质馏分油中组分的裂解程度,导致更多气体产物生成。当催化剂添加量超过5 wt.％时,改质油产率开始下降,而在催化剂添加量为 40 wt.％后,改质油产率下降明显。当添加 40 wt.％活性炭(不含Pt)时,其固体和气体的产率均比 40 wt.％Pt/C 要高,但是改质油产率基本相当。随后的改质油元素和分子组成以及相关性质的讨论将会提供更多的信息。

7.5.2 重质馏分油在不同条件下所得改质油的元素组成与性质分析

表 7-9 列出了重质馏分油在不同条件下所得改质油的元素组成和相关性质。如表所示,升温有助于改质油 C、H 含量和热值的增加以及杂原子含量、水分含量和 TAN

值的降低。相对于温度，反应时间对上述性质的影响并不显著，但仍能看到类似的变化。总体而言，氢气压强和催化剂添加量的增加均有利于降低改质油的杂原子和水分含量以及 TAN 值。

表 7 - 9　重质馏分油不同条件下获得的改质油的元素组成(wt. %)及其他性质

分类	水分/(wt. %)	酸值/(mg KOH·g⁻¹)	C	H	O	N	S/ppm	H/C	O/C	HHV/(MJ·kg⁻¹)
重质油	1.44	82.2	76.00	9.50	11.52	2.66	1401	1.50	0.104	37.4
重质油＋供氢剂(1∶1)	0.73	41.7	82.92	10.31	5.83	1.37	703	1.49	0.053	41.7
温度/℃ (2 h, 6 MPa H_2, 5 wt. %Pt/C)										
300	0.33	29.8	85.52	8.81	3.17	0.79	128	1.24	0.028	40.9
350	0.22	18.3	86.18	10.31	2.31	0.72	63	1.44	0.020	43.4
400	0.15	6.0	87.68	10.42	1.53	0.68	40	1.43	0.013	44.2
450	0.11	3.0	87.48	10.70	1.30	0.58	34	1.47	0.011	44.6
时间/h (400 ℃, 6 MPa H_2, 5 wt. %Pt/C)										
1	0.18	8.2	87.42	10.12	1.74	0.78	42	1.39	0.015	43.7
2	0.15	6.0	87.68	10.42	1.53	0.68	40	1.43	0.013	44.2
4	0.13	4.6	87.84	10.12	1.47	0.66	37	1.38	0.013	43.9
6	0.14	3.1	87.96	10.05	1.44	0.65	32	1.37	0.012	43.8
氢气压力/MPa (400 ℃, 4 h, 5 wt. %Pt/C)										
0.1 Ar	0.22	9.1	87.49	9.29	1.94	0.80	81	1.27	0.016	42.5
0.1	0.22	9.1	87.43	9.36	1.84	0.75	76	1.28	0.017	42.6
3	0.16	6.2	87.97	9.59	1.71	0.74	48	1.31	0.015	43.1
6	0.13	4.6	87.84	10.12	1.47	0.66	37	1.38	0.013	43.9
10	0.11	2.5	87.50	10.49	1.45	0.65	35	1.44	0.012	44.3
催化剂添加量/wt. % (400 ℃, 4 h, 10 MPa H_2)										
0	0.21	6.3	87.36	10.03	1.79	0.88	86	1.38	0.015	43.5
5	0.11	2.5	87.50	10.49	1.45	0.65	35	1.44	0.012	44.3
10	0.09	1.3	88.48	9.95	0.87	0.18	18	1.35	0.007	44.0
20	0.04	1.3	88.48	9.89	0.83	0.08	15	1.34	0.007	43.9
30	0.04	1.3	87.50	10.25	0.76	0.06	11	1.41	0.006	44.1
40	0.03	1.3	87.22	10.21	0.75	0.05	10	1.40	0.006	43.9
40 活性炭	0.04	2.5	88.03	10.04	1.24	0.42	33	1.37	0.011	43.9

从各项数据上看，温度的升高都能够显著提升油的品质。当反应温度从 300 ℃ 升至 450 ℃ 后，改质油的酸值能从 29.8 降至 3.0，说明油中大量的酸性物质发生转化，从而减小改质油的腐蚀性。随着温度的升高，脱氧、脱氮和脱硫的效率都在逐步增加，当反应温度为 450 ℃ 时，催化加氢反应的脱氧、脱氮和脱硫效率分别能够达到 77.7%、57.7% 和 95.2%，其中硫含量更是从 703 ppm 降至 34 ppm，与脱氧和脱氮相比，脱硫的目标似乎更容易达到，这与轻质馏分油表现出相似的改质效果。同样考虑到实际经济成本，加之 450 ℃ 下改质油产率较低，所以后续改质在 400 ℃ 下进行。

由表中可以看出，相对于温度来说，反应时间对改质效果的影响较小。当反应时间逐渐增加，改质油的氧、氮和硫含量均有小幅的降低，分别从 1 h 的 1.74 wt.%、0.78 wt.% 和 42 ppm 降至 6 h 的 1.44 wt.%、0.65 wt.% 和 32 ppm。反应时间为 2 h 的改质油中氧和氮的含量降低较明显，当继续增加反应时间，其含量仅有小幅降低，而改质油中硫含量则随着反应时间的增加逐步降低。

当反应氛围为常压惰性气体时，改质油的氧、氮和硫含量略高于常压氢气氛围下的改质油，其他性质如 TAN 值、热值等差别较小。随着氢气压力的提高，改质油的氧、氮和硫含量均有所降低，其含量分别由 0.1 MPa 下的 1.84 wt.%、0.75 wt.% 和 76 ppm 降至 10 MPa 下的 1.45 wt.%、0.65 wt.% 和 35 ppm，可以看出相对于脱氧和脱氮，脱硫目的更容易达成。

在生物油催化加氢改质过程中，催化剂的作用至关重要。相较于有催化剂但无氢气条件下所得改质油，10 MPa H_2 下但不添加催化剂所得改质油的氮和硫含量略高，但是氧含量要低，说明催化剂在脱氮和脱硫过程中起到的作用更大。当 Pt/C 添加量增加到 10 wt.% 后，其改质油的杂原子含量陡然下降，但继续增加 Pt/C 添加量，改质油中的杂原子含量并无明显降低，氧、氮和硫含量仅由 Pt/C 添加量为 10 wt.% 下的 0.87 wt.%、0.18 wt.% 和 18 ppm 降至 Pt/C 添加量为 40 wt.% 下的 0.78 wt.%、0.05 wt.% 和 10 ppm。当改用添加 40 wt.% 活性炭时，其改质效果明显不如贵金属催化剂 Pt/C，改质油中的氧、氮和硫含量仍高达 1.24 wt.%、0.42 wt.% 和 33 ppm，说明催化剂中起催化效果的主要还是贵金属 Pt。

表 7-10　重质馏分油改质油与商用汽油的部分性能对比

分类	柴油	改质油
密度/20 ℃（g·cm^{-3}）	0.824	0.913
十六烷值	56	<20.0
运动黏度（m²·s^{-1}）	0.00000356	<0.00000100
动力黏度/40 ℃（kg/(m·s^{-1})）	0.00296	<0.00100
250 ℃ 回收体积（%rec）	38.3	38.5
350 ℃ 回收体积（%rec）	87.8	<80.0
初馏点 IBP(℃)	168.3	<120.0
10% 馏出温度(℃)	192.7	<160.0

续表

分类	柴油	改质油
50％馏出温度（℃）	273.2	<200.0
90％馏出温度（℃）	353.7	327.1
终馏点 FBP（℃）	378	<320.0
65％回收温度（℃）	300.1	258
85％回收温度（℃）	325	>370.0
95％回收温度（℃）	349.7	>400.0
总芳香烃（m％）	23	>80.0
脂肪酸甲酯/EN14078（V％）	0	0
脂肪酸甲酯/ASTM 0－7％（V％）	0.2	0.8
脂肪酸甲酯/ASTM 7％～30％（V％）	<6.56	<7.27
十六烷值改进剂/EHN（ppm）	231	902

表 7－10 为 Pt/C 添加量为 10 wt.％时重质馏分油改质油与商用柴油的中红外分析结果。柴油的十六烷值是表示柴油抗爆性的指标，是指与柴油自燃性相当的标准燃料中所含正十六烷的体积百分数，通常将纯正十六烷的十六烷值定为 100。十六烷值高的柴油容易启动，燃烧均匀，输出功率大；十六烷值越低则点火越慢，工作不稳定，容易发生爆震，通常可以加硝酸醚、戊基硝酸酯等改进剂来提高柴油的十六烷值。从分析结果来看，改质油的十六烷值还远小于商用柴油，若想达到商用标准还需引入添加剂以改善其燃烧性能。在黏度方面，改质油要比柴油还低，说明其流动性更好。从馏程来看，因改质油的成分更为复杂，其初馏点低于 120 ℃，而柴油的初馏点在 168 ℃左右，整体馏出温度比柴油稍低一些，说明重质馏分油与供氢剂共改质后仍然存在一部分低沸点物质。改质油中脂肪酸甲酯的含量略高于柴油，这是区别生物柴油和石化柴油的一个重要特征。改质油的总芳香烃含量要远高于柴油，因为重质馏分油本身的芳香烃就比较多，加之供氢剂也属芳香烃，最终导致其改质油主要由芳香烃组成，而柴油则由更为纯净的长链烷烃组成。

7.5.3　重质馏分油在不同条件下所得改质油的分子组成

我们对重质馏分油在不同条件下所得改质油进行了 GC－MS 分析，以了解其中存在的特征分子及其含量。并将鉴定出的特征化合物进行归类，结果如表 7－11 所示。从表中可以看出，饱和烃、不饱和烃、芳香烃和含氧化合物在改质油中占有较大的比例。

表 7-11 不同条件下获得的改质油的分子组成(峰面积%)

分类	饱和烃	不饱和烃	芳香烃	含氮	含氧	含氮氧	含硫	检出总量
温度/℃ (2 h, 6 MPa H₂, 5 wt.%Pt/C)								
300	20.28	16.65	15.45	1.62	24.40	1.18	0.21	79.80
350	30.58	10.06	17.82	1.63	17.66	2.87	0.03	80.65
400	37.68	6.91	22.62	3.47	14.47	0.16	0.02	85.34
450	17.99	6.15	40.64	7.39	17.47	3.81	—	93.45
时间/h (400 ℃, 6 MPa H₂, 5 wt.%Pt/C)								
1	34.04	4.46	23.72	2.82	13.49	0.19	0.03	78.74
2	37.68	6.91	22.62	3.47	14.47	0.16	0.02	85.34
4	36.52	8.20	25.64	4.54	13.39	0.12	—	88.41
6	30.16	7.67	28.88	4.97	16.16	0.27	—	88.10
氢气压力/MPa (400 ℃, 4 h, 5 wt.%Pt/C)								
0.1 Ar	25.62	8.51	28.58	4.04	18.29	0.17	—	85.21
0.1	32.57	7.30	29.55	3.53	16.11	1.30	—	90.35
3	34.83	6.26	28.20	4.52	14.76	0.45	0.03	89.05
6	36.52	8.20	25.64	4.54	13.39	0.12	—	88.41
10	40.19	5.81	25.44	3.82	10.62	0.12	—	86.00
催化剂添加量/wt.% (400 ℃, 4 h, 10 MPa H₂)								
0	36.61	4.83	26.57	4.08	15.90	0.05	0.02	88.07
5	40.19	5.81	25.44	3.82	10.62	0.13	—	86.00
10	36.61	4.58	43.17	0.20	3.34	0.32	0.02	88.25
20	34.72	4.84	41.14	0.40	9.54	0.08	0.00	90.72
30	34.07	11.07	39.56	0.27	7.82	0.11	0.07	92.98
40	37.29	8.48	40.68	0.50	5.61	0.12	0.06	92.74
40 活性炭	37.87	4.20	36.55	4.80	8.09	0.36	0.02	91.89

　　随着温度的增加,检测到的芳香烃含量大幅增加,在 450 ℃时陡增至最大值 (40.64%),而不饱和烃的含量则迅速下降,说明高温能够促进不饱和烃加氢反应,而且一些杂原子脱除后也会转化为芳香烃。反应温度为 400 ℃时,改质油中饱和烃的含量最高,而且其含氧、氮、硫等杂原子化合物含量相对更低。反应时间对改质油的组成影响相对较小,各种化合物占比差别不是很大。随着氢气压力的增加,可以很明显地看出饱和烃的含量在增加,同时不饱和烃的含量有所减少,说明充足的氢气能够更有效地推进不饱和双键的饱和,随着氢气压力的增大,改质油中含氧化合物的比例逐

渐降低。说明充足的氢气有利于油中氧的脱除。催化剂添加量的增加更有利于油中杂原子的脱除。当 Pt/C 催化剂添加量为 10 wt.％时，改质油中的含氮和含氧化合物明显减少，这与元素分析中氮、氧含量的变化趋势一致。

7.6　水热液化和减压蒸馏过程的固体残渣的热裂解研究

大豆秸秆水热液化所得固体残渣的产率达到 20.66 wt.％，而原油经减压蒸馏后的固体残渣产率也能占到 28.36 wt.％。这些固体残渣通常碳含量较高，如不合理利用，也是一种资源浪费。若根据其特点，将其处理后用作生物炭——一种有机碳富集材料，不仅可以用于固碳减排，也可用于土壤改良以及受污染环境的修复。生物炭主要成分为烷烃和芳香族化合物。因此，探究固体残渣的组成结构以及转化行为是尤为必要的。

7.6.1　水热液化和减压蒸馏过程的固体残渣的元素组成

表 7-12 为大豆秸秆水热液化以及液化油减压蒸馏所得的固体残渣的元素组成，从表中可以看出，两种固体残渣的碳含量仍然很高，减压蒸馏所得固体残渣的碳含量更是高达 82.46 wt.％。并且水热液化所得固体残渣的杂原子含量与其液化油的含量大致相当，而减压蒸馏所得固体残渣的 O 含量明显低于馏分油的值，这表明两种固体残渣均有被利用的潜在价值。

表 7-12　水热液化及减压蒸馏固体残渣的元素组成(wt.％)

分类	C	H	N	S	O
水热液化固体残渣	65.26	4.85	2.07	0.24	13.32
减压蒸馏固体残渣	82.46	5.68	2.77	0.07	5.99

7.6.2　水热液化固体残渣在不同温度下的热裂解产物分析

表 7-13 为水热液化固体残渣在不同温度下的热裂解产物的分子组成。从表中可以看出，随着温度升高，热裂解产物中不饱和烃和芳香烃含量逐渐增大，分别由400 ℃时的 3.64％和 0.90％增加至 800 ℃时的 16.36％和 10.09％。在热裂解产物中，仅含有少量的含氮化合物。随着温度升高，含氮化合物的含量逐渐增加，由 400 ℃时的 0.24％增加至 800 ℃时的 3.72％，并且其种类逐渐丰富。400 ℃时仅能检测到吡啶，而在800 ℃时能检测到的含氮化合物种类包括吡啶、吡咯和吲哚等。这主要是因为高温能促使更复杂的含氮稠环裂解成小分子量含氮化合物，且能在色谱柱上流出而被检测。在热裂解产物中，含氧化合物在已鉴定出的化合物中占据明显多数，主要分为醇类、酚

类、醚类、醛类、酸类、酮类和酯类化合物。在温度为 400 ℃时，酚类、酸类和酮类是含量较多的含氧化合物。随着温度升高，酮类和酸类含量逐渐降低，而酚类的含量逐渐增大，并在 800 ℃时达到最大(17.30％)，这也预示着酚类化合物具有较高的热稳定性。随着温度的升高，热裂解产物中含氧化合物的含量也在逐渐降低，由 400 ℃时的 57.19％降低至 800 ℃时的 40.44％。我们认为这是高温下不稳定的含氧化合物，尤其是酸和酮类发生含氧基团如羧基和羰基的脱除，导致含氧化合物总量的减少以及不饱和烃和芳香族化合物含量的增加。

表 7-13　水热液化固体残渣不同温度下热裂解产物的分子组成　　单位：峰面积％

分类	种类	400 ℃	500 ℃	600 ℃	700 ℃	800 ℃
饱和烃		5.45	5.81	3.59	3.27	5.45
不饱和烃		3.64	7.27	11.88	12.95	16.36
芳香族化合物		0.90	3.30	4.62	6.45	10.09
含氮化合物	胺	—	—	—	—	0.02
	吡啶	0.24	1.54	1.09	1.67	1.73
	吡咯	—	0.20	0.66	0.69	0.78
	腈			0.25	0.32	0.28
	喹啉	—	—	0.07	0.08	0.32
	吲哚		0.74	0.86	0.63	0.59
	总	0.24	2.48	2.93	3.39	3.72
含氧化合物	醇	1.86	2.27	3.96	2.32	3.63
	酚	11.18	10.34	15.56	14.49	17.30
	醚	—	0.73	1.48	0.35	1.07
	醛	0.29	0.67	1.55	1.28	0.71
	酸	13.80	7.85	5.94	5.67	4.84
	酮	23.22	16.94	10.89	13.32	9.02
	酯	6.85	9.83	5.30	4.32	3.88
	总	57.19	48.63	44.68	41.74	40.44

7.6.3　减压蒸馏固体残渣在不同温度下的热裂解产物分析

表 7-14 为减压蒸馏固体残渣不同温度下热裂解产物的分子组成。同水热液化固体残渣相似，随着温度增加，其热裂解产物中不饱和烃和芳香烃的含量逐渐增加，分别由 400 ℃时的 0.94％和 0.67％增加至 800 ℃时的 33.05％和 13.23％。不同于水热液化固体残渣，减压蒸馏固体残渣的热裂解产物中，饱和烃亦占据了相当的比例，在 800 ℃

时其含量仍有 13.78％。在热裂解产物中，含氮化合物含量同样很低，在 400 ℃时甚至未能检出。但随着温度升高，含氮化合物的含量逐渐增加，在 800 ℃时达到 4.12％，主要包括吡啶和吲哚。这同样是高温促使更复杂的含氮稠环裂解成能被流出和检测到的小分子量含氮化合物所致。在减压蒸馏固体残渣的热裂解产物中，含氧化合物同样占据了较大的比例，在 400 ℃时达到 46.04％，主要为酸类、醇类、酚类和酯类等。随着温度升高，含氧化合物在热裂解产物中的比例迅速下降，在 800 ℃时降至 22.23％，其中接近一半为酚类化合物(10.12％)。这一方面说明高温有利于氧的脱除，同时亦说明酚类化合物在高温下仍具有较高的热稳定性。

表 7 - 14　减压蒸馏固体残渣不同温度下热裂解产物的分子组成(峰面积％)

分类	种类	400 ℃	500 ℃	600 ℃	700 ℃	800 ℃
饱和烃		15.78	19.28	23.69	11.79	13.78
不饱和烃		0.94	22.18	18.66	29.79	33.05
芳香族化合物		0.67	3.00	6.84	8.51	13.23
含氮化合物	胺	—	—	—	—	0.05
	吡啶	—	0.10	0.61	0.83	1.52
	吡咯	—	—	0.16	0.25	0.26
	腈	—	—	—	0.39	0.75
	喹啉	—	—	—	0.14	0.09
	吲哚	—	0.25	0.47	1.22	1.45
	总	—	0.35	1.24	2.82	4.12
含氧化合物	醇	6.98	6.88	5.89	1.09	0.54
	酚	5.60	5.47	7.22	11.80	10.12
	醚	3.40	0.48	0.12	0.76	0.71
	醛	0.20	2.39	0.23	0.47	2.58
	酸	17.55	4.39	2.97	2.25	2.04
	酮	3.74	5.03	1.05	5.21	1.38
	酯	8.58	5.75	11.71	8.46	4.86
	总	46.04	30.38	29.18	30.04	22.23

参考文献

[1] SHAMSUL N S, KAMARUDIN S K, RAHMAN N A. Conversion of bio - oil to bio gasoline via pyrolysis and hydrothermal：A review [J]. Renewable and sustain-

able energy reviews, 2017, 80: 538 – 549.

[2] SABER M, NAKHSJINIEV B, YOSHIKAWA K. A review of production and upgrading of algal bio – oil [J]. Renewable and sustainable energy reviews, 2016, 58: 918 – 930.

[3] ALSBOU E, HELLEUR R. Whole sample analysis of bio – oils and thermal cracking fractions by Py – GC/MS and TLC – FID [J]. Journal of analytical and applied pyrolysis, 2013, 101: 222 – 231.

[4] PAPARI S, HAWBOLDT K. A review on the pyrolysis of woody biomass to bio – oil: focus on kinetic models [J]. Renewable and sustainable energy reviews, 2015, 52: 1580 – 1595.

[5] CHOI J H, KIM S S, WOO H C. Characteristics of vacuum fractional distillation from pyrolytic macroalgae (Saccharina japonica) bio – oil [J]. Journal of industrial and engineering chemistry, 2017, 51: 206 – 215.

[6] ZHENG J L. Improving the quality of fast pyrolysis oil by reduced pressure distillation [J]. Biomass & bioenergy, 2011, 35: 1804 – 1810.

[7] ZHANG X, BANDYK P. On two – dimensional moonpool resonance for twin bodies in a two – layer fluid [J]. Applied ocean research, 2013, 40: 1 – 13.

[8] NAM H, CHOI J, CAPAREDA S C. Comparative study of vacuum and fractional distillation using pyrolytic microalgae (Nannochloropsis oculata) bio – oil[J]. Algal research, 2016, 17: 87 – 96.

[9] CAPUNITAN J A, CAPAREDA S C. Characterization and separation of corn stover bio – oil by fractional distillation [J]. Fuel, 2013, 112: 60 – 73.

[10] LIGUORI L, BARTH T. Palladium – Nafion SAC – 13 catalysed depolymerisation of lignin to phenols in formic acid and water [J]. Journal of analytical and applied pyrolysis, 2011, 92: 477 – 484.

[11] FISK C A, MORGAN T, JI Y. et al. Bio – oil upgrading over platinum catalysts using in situ generated hydrogen [J]. Applied catalysis a: general, 2009, 358: 150 – 156.

[12] 龚旭, 薛鹏, 刘贺, 等. 供氢剂辅助重油热改质技术研究进展[J]. 化工进展, 2018, 37(4): 1374 – 1380.

[13] 李振芳, 赵翔鸥, 王宗贤, 等. 加拿大油砂沥青常压渣油供氢热裂化改质基础研究[J]. 石油炼制与化工, 2016, 47(8): 53 – 57.

[14] MOHAN D, PITTMAN C U, STEELE P H. Pyrolysis of wood/biomass for bio – oil: A critical review [J]. Energy & fuels, 2006, 20: 848 – 889.

[15] HUBER G W, IBORRA S, CORMA A. Synthesis of transportation fuels from biomass: chemistry, catalysts, and engineering [J]. Chemical reviews, 2006, 106:

4044 - 4098.

[16] LIU S, ZHU Q, GUAN Q, et al. Bio - aviation fuel production from hydroprocessing castor oil promoted by the nickel - based bifunctional catalysts [J]. Bioresource technology, 2015, 183: 93 - 100.

[17] COSTANZO W, HILTEN R, JENA U, et al. Effect of low temperature hydrothermal liquefaction on catalytic hydrodenitrogenation of algae biocrude and model macromolecules [J]. Algal research, 2016, 13: 53 - 68.

[18] MACHIDA M, ONO S, SAKAO Y. Kinetics of individual and simultaneous hydrodenitrogenations of aniline and pyridine[J]. Applied catalysis a: general, 2000, 201: 115 - 120.

[19] LY H V, GALIWANGO E, KIM S, et al. Hydrodeoxygenation of 2 - furyl methyl ketone as a model compound of algal Saccharina Japonica, bio - oil using iron phosphide catalyst [J]. Chemical engineering journal, 2017, 317: 302 - 308.

[20] ELLIOTT D C, HART T R, NEUENSCHWANDER G G, et al. Catalytic hydroprocessing of biomass fast pyrolysis bio - oil to produce hydrocarbon products [J]. Environmental progress and sustainable energy, 2009, 28: 441 - 449.

[21] DUAN P, BAI X, XU Y, et al. Catalytic upgrading of crude algal oil using platinum/gamma alumina in supercritical water [J]. Fuel, 2013, 109: 225 - 233.

[22] LEHMANN J, JOSEPH S. Biochar for environmental management: science, technology and implementation [J]. Science and technology: earthscan, 2015, 25: 15801 - 15811.